SAMMLUNG GÖSCHEN BAND 60

STIMMKUNDE

FÜR BERUF, KUNST UND HEILZWECKE

von

DR. HERBERT BIEHLE

WALTER DE GRUYTER & CO.
vormals G. J. Göschen'sche Verlagshandlung · J. Guttentag,
Verlagsbuchhandlung · Georg Reimer · Karl J. Trübner · Veit & Comp.
BERLIN 1955

Archiv-Nr. 11 00 60
Druck: Sala-Druck, Berlin N 65
Printed in Germany

INHALT

VORWORT

Die ersten Jahrzehnte unseres Jahrhunderts haben eine grundlegend neue Einstellung zum Wesen der menschlichen Stimme, ihren Bildungs- und Heilungsmöglichkeiten gebracht. Diese Erkenntnisse der Allgemeinheit bekannt und nutzbar zu machen, ergab die Notwendigkeit einer neuzeitlichen, übersichtlichen Gesamtschau, an der ein großer Personenkreis, vor allem Künstler (Sänger und Schauspieler), Angehörige redender Berufe (Lehrer, Geistliche, Anwälte, Vertreter, Verkäufer usw.), Kranke, Pädagogen und Therapeuten interessiert sein dürften. Jahrzehntelange Erfahrungen mit Stimmen aller Art einschließlich der eigenen boten die Grundlagen für eine realistische Darstellung von Tatsachenmaterial.

Zugleich bildet diese „Stimmkunde“ die angekündigte Ergänzung zu der „Redetechnik“ des gleichen Verfassers (Göschen-Band 61).

I. Die Stimme als Lebensäußerung

Der Begriff „Stimme" ist sehr weit zu fassen, da sie mit ihrem im Kehlkopf liegenden Hauptorgan, den Stimmbändern, und der aus der Lunge kommenden Ausatmungsluft die klanglichen Äußerungen beim Sprechen und Singen, Lachen und Weinen, Stöhnen und Schreien erzeugt. Dagegen ermöglichen die Artikulationsorgane, hauptsächlich Zunge, Zähne und Lippen, die Bildung der Sprachlaute. Sofern nicht tonlos gesprochen wird (Flüstern), erhält die Sprache durch den Stimmklang überhaupt erst Ausdruck, Modulationsfähigkeit und Beseelung. Im Gesang ist der Aufwand an Stimme umfangreicher und anspruchsvoller, weil sie hier nach fixierten, also vorgeschriebenen Tonwerten als lebendes und natürlichstes Musikinstrument fungiert. Die häufige Verwechslung der Sprechwerkzeuge mit dem Stimmorgan und damit auch die irrtümliche Anweisung, die Stimme „nach vorn" zu bringen, sollte künftig vermieden werden.

1. Die Kinderstimme

Unser Eintritt in die Welt vollzieht sich mit einem durchdringenden Schrei, der reflexmäßig erfolgt, um die Sauerstoffzufuhr und damit die Atmung in Gang zu setzen. Zu den charakteristischsten Lebensäußerungen des Neugeborenen gehört lauter Stimmgebrauch. Kein anderes Organ des Säuglings verträgt schon eine solche Beanspruchung und verfügt über derartige Leistungsfähigkeit wie die zum Schreien verwendete Stimme. Mit ihr spielt und beschäftigt sich das Kleinkind, findet dabei für lange Zeit seine einzige körperliche Ausarbeitung und treibt eine höchst erwünschte, geradezu ideale Lungengymnastik. Das stundenlange Schreien mit unglaublicher Ausdauer wird ermöglicht durch eine große Dehnfähigkeit der Muskulatur und einen tonnenförmigen Brustkasten, in dem die Triebkräfte für eine unverwüstliche Stimme ruhen, die das Kind hemmungslos einsetzt.

Beobachten wir heranwachsende Kinder beim Spielen, so tönt uns eine Fülle von unartikulierten Lauten und Schreien entgegen, diese lärmende Stimmbetätigung bezeichnet Fröbel sehr treffend als „wilde Kraftäußerung“, wobei auch Spiele mit Nachahmung von Tierstimmen und Verkehrsgeräuschen bevorzugt werden.

Gegen diesen triebhaft-elementaren Stimmgebrauch legt die Schulordnung ein Veto ein, indem sie verbietet, „vorlaut“ zu sein, und an den „guten Ton“ gewöhnt, wodurch ein neues Stadium gelenkter Stimmbetätigung beginnt. Die Ansammlung vieler Kinder in den Pausen gibt zwar Gelegenheit, sich wieder im Schreien zu überbieten, aber das vieljährige stundenlange Stillsitzen meist in verbrauchter Luft und bei schlechter Haltung sowie allmählich gesteigerter geistiger Anspannung wirkt auf die Entfaltung von Brust und Lunge und damit auf die Stimme ungünstig. Wenn durch Atemübungen im Turnunterricht versucht wird, dem entgegenzuwirken, so verfehlt diese gutgemeinte Absicht ihre Wirkung, solange das Stimmorgan dabei unbeteiligt bleibt. Dafür aber gibt es die Singstunden! Wenn sie ihren Zweck erfüllen sollen, müssen folgende Gesichtspunkte berücksichtigt werden:

Nach alter Auffassung wurde die Kinderstimme als eine mehr oder minder unfertige Erwachsenenstimme angesehen und behandelt, wobei musikalische Kinder die stimmlich schwierigeren Aufgaben bekamen und dort eingesetzt wurden, wo es an sicheren Sängern fehlte. Es wurde dabei nicht genügend berücksichtigt, daß die Registerverhältnisse der Kinderstimme mit denen der späteren Erwachsenenstimme nicht identisch sind, weil die Gesangsskala der Kinderstimme in Brustregister und Falsett halbiert ist.

Die neue Auffassung vom Wesen der Kindergesangsstimme, von Thausing ausführlich begründet, sieht deshalb das Hauptproblem darin, die Bruststimme nicht über c^2 hochzuziehen, sondern von hier ab das Falsett anzuwenden, und zwar bis in die hohe Sopranlage hinauf. In diesen Bereich ist die Melodie zu legen. Die zweite Stimme, mit Brustregister gesungen, soll nicht über c^1 heruntergeführt werden. Mehr als Zweistimmigkeit ist unzweckmäßig. Die Kinder sollen abwechselnd erste oder zweite Stimme singen, damit sie sowohl das Falsettregister als auch das Brustregister anwenden und keines von beiden verkümmert bzw. im falschen Gebiet angewendet wird. Es ist also von geringerer Bedeutung, über welchen Stimmumfang das Kind in den einzelnen Altersstufen verfügt, dagegen eine der Kinderstimme gemäße Registerverteilung die Kardinalfrage.

Weil diese Grunderfordernisse richtiger Anwendung der Kinderstimme, die nur ein Vorstadium zu einer erwachsenen Gesangsstimme darstellt, unbeachtet bleiben, gehören die Singstunden für viele zu unangenehmen Schulerinnerungen. Vom Singen dispensiert zu sein wegen Unvermögen, wird von Schülern und meist auch den Eltern freudig begrüßt, obwohl dieses Manko in Wirklichkeit zu bedauern ist. Freilich möchte man fragen: ist es besser, keine Schülerstimme zu haben als eine solche durch unzweckmäßigen Gebrauch zu schädigen, so daß dann der Erwachsene auf Gesang verzichten muß? Es tritt aber sehr häufig der Fall ein, den z. B. Wilhelm Keil von sich berichtet: „Nur während der Singstunde durfte ich nicht fehlen, denn der alte Kantor war der Ansicht, daß es ohne mich mit dem Singen nicht gehe. Ich hatte in der Tat als junger Mensch eine gute Singstimme, habe sie aber frühzeitig verloren". Also erst eine Säule im Gesang, dann untauglich hierzu.

Nur selten wird ein Schüler sich falscher Stimmbehandlung widersetzen, wie es das von Weinschenk mitgeteilte Verhalten einer Spandauer Schülerin zeigt, die uns berichtet: „In der Schule teilte mich der Gesangslehrer nach vollzogener Prüfung in die zweite Stimme ein. Ich fügte mich diesem Diktat und sang mit unverminderter Begeisterung im Schul- und Kirchenchor, häufig auch kleine Solopartien. Als mich aber eines Tages der Lehrer in die dritte Stimme eingliedern wollte, da begehrte ich auf. Weinend lief ich nach Hause, verweigerte das Mittagessen und war den ganzen Tag über niedergeschlagen. Auf den Gesangslehrer blieb meine Gemütsbewegung nicht ohne Eindruck, denn er machte seinen aus Mangel an tiefen Stimmen gefaßten Beschluß wieder rückgängig". Es war Erna Sack, später eine der höchsten Koloraturstimmen der Welt.

Von Jack London erfahren wir ein ähnliches Aufbegehren gegen Schulroutine, indem er beim allmorgendlichen gemeinsamen Gesang streikte. Auf die Frage der Lehrerin antwortete er, sie verstehe nichts vom Singen, sie ließe ihn zu tief singen und verdürbe dadurch seine Stimme. Zum Direktor zwecks Bestrafung geschickt, erklärte dieser, daß Jacks Verhalten entschuldbar sei, er solle aber während des viertelstündigen Singens einen Aufsatz machen.

Schädlich kann die zusätzliche gesangliche Betätigung außerhalb der Schule als Choralisten, Inquiliner oder Kurrendesänger werden, namentlich wenn wegen Armut das Singen zu einer Einnahmequelle werden muß. Man lese einmal, was Karl

Philipp Moritz in seinem berühmten autobiographischen Roman von Anton Reiser = sich selbst erzählt, wie er nach Mühen glücklich erreichte, im Chor mitzuwirken, dann aber alle Mittwoch- und Sonnabend-Nachmittage und den ganzen Sonntag über, oft von Frost erstarrt, singen mußte, so daß für ihn das Chorsingen „eine unangenehme Sache wurde trotz des Chorgeldes". Man stelle sich vor, wie solche dürftig gekleideten und schlecht ernährten Kerlchen von Haus zu Haus singend betteln, oder bettelnd singen, und bei jeder Witterung stundenlang an Beerdigungen mitwirken.

Nicht weniger bedenklich ist die Verwendung guter Knabenstimmen in Konzertchören. Man darf sich hierbei nicht auf die „Tradition" berufen, da ursprünglich Knabenstimmen als Frauenersatz den Diskant sangen, bis gemischte Chöre entstanden. Es gab einmal einige ganz wenige Städte (Leipzig, Dresden, Regensburg, Wien), die durch ihre Knabenchöre berühmt waren. Man hörte sie nur dort an Ort und Stelle in alten Kirchen, wodurch zu den Sehenswürdigkeiten eine Hörenswürdigkeit kam.

Wenn Werke zur Aufführung kommen, die für geistig, körperlich und stimmlich ausgewachsene Menschen bestimmt sind, muß das Fehlende durch Probendrill ersetzt werden — Schüler haben zu parieren — auf Kosten eines noch kindlichen Organes. Dieses rächt sich dadurch, daß es nur in ganz seltenen Fällen später zu einer Sängerstimme wird.

Knabenstimmen als besonderes Ausdrucksmittel zu bestimmten künstlerischen Zwecken und in begrenztem Maße einzusetzen, geben J. S. Bachs Einleitungschoral der „Matthäus-Passion", Richard Wagners „Parsifal"-Chöre und die „Tannhäuser"-Edelknaben (Bayreuth 1954), Gustav Mahler in der 8. Sinfonie Gelegenheit. Erprobungen im Jahreslauf von Kirche und Schule wären zu erlauben, niemals aber strapaziöse Konzertreisen durch die halbe Welt. Von einer solchen Konzertreise eines berühmten Knabenchores wird berichtet, daß sie wegen völliger Erschöpfung der Sängerknaben infolge Überbeanspruchung abgebrochen werden mußte.

Da es sich ursprünglich um Schülerchöre altehrwürdiger Gymnasien handelte, hatte man nur Knabenstimmen zur Verfügung, so daß dadurch die reizvolle Mischung von Knaben- und Mädchenstimmen versäumt wurde.

Wenn auch viele Konzertbesucher von den „reinen und unverdorbenen" Knabenstimmen beeindruckt sind und sie sogar in gefühlsseliger Verzückung als Engelsstimmen empfinden, so darf dies doch nicht hinwegtäuschen, daß einerseits diese Verwendung von Auslesestimmen in vielen Fällen zu einer gesangsunfähigen Männerstimme führte, anderseits aber der Durchschnitt der Kinderstimmen einen dünnen, flachen, plärrigen, unreinen Gesang ergibt, wie ihn der Pianist Wilhelm Kempff beschreibt: „Schon in meinen ersten Schuljahren erschien mir der Trupp der „Brummer", dem es vom Schicksal aufgegeben ward, die heilige Ordnung der Töne durch ein animalisches Winseln zu stören, immer wie eine bedauernswerte Kaste". Dazu muß an die medizinische Feststellung erinnert werden, wonach schon 40% der Schulkinder an funktioneller Heiserkeit leiden. Deshalb fördert intensive Stimmbildungsarbeit bereits bei Kinderstimmen katarrhalische Behinderung und Verschmutzung zutage, wie bei den Erwachsenen.

Fürst Bülow, dem während seiner Schulzeit verboten wurde, in der Kirche mitzusingen, da er durch falsche Töne die Andacht der Gemeinde störe, erklärt dies mit Unmusikalität. Aber den ganzen 4. Band seiner „Denkwürdigkeiten" durchziehen Berichte über ein Halsleiden und Kuren infolge akuter Verschlimmerung, woraus geschlossen werden darf, daß eine stimmliche Insuffizienz schon im Knabenalter vorgelegen hat.

Es ist die Forderung auszusprechen, daß analog der ärztlichen Allgemeinuntersuchung und Nachuntersuchung ein Stimmfachmann beim Schuleintritt eine Diagnose der Kinderstimme stellt und diese weiterbeobachtet. Das gehört auch zur Schulhygiene. Dabei dürfen Stimmanlage und Musikalität nicht verwechselt werden: musikalische Kinder, die sogar ein Instrument spielen, können eine mangelhafte Stimme haben, während Stimmbegabte keineswegs immer auch musikalische Anlagen zeigen.

2. Die Erwachsenenstimme

Zwischen dem Ende der Kinderstimme und dem Beginn der Erwachsenenstimme liegt der Stimmwechsel, eine markante Erscheinung, die zeitlich ungefähr mit den äußeren Lebensereignissen von Konfirmation, Schulentlassung und Eintritt in die Lehre zusammenfällt. Wie kommt Stimmwechsel zustande?

Um das 14. Lebensjahr, eine Zeit gärenden inneren Zustandes, vergrößert sich infolge der Geschlechtsreife auch der Kehlkopf, es wachsen die Stimmbänder des Knaben um ein paar Millimeter, etwa von 12 auf 15 mm (nach Rauber-Kopsch). Dadurch dehnt sich die bisherige Bruststimme unter Verlust des Falsettregisters nach unten um eine Oktave aus, ebenso rückt die Sprechstimme in tiefere Lage und nimmt männlichen Klang an. Während sich beim jungen Mann — außer den ersten Barthaaren — die Pubertät am deutlichsten in der neuen Stimme bemerkbar macht, durch die der Knabe zum Jüngling wird, zeigen die Stimmorgane des Mädchens, während es sich körperlich zur Jungfrau entwickelt, keine solchen Wachstumsveränderungen: die bisherige Stimmlage bleibt, das Falsettregister erhält dabei aber den doppelten Umfang nach unten auf Kosten der Bruststimme, die auf einige tiefe Töne zusammenschrumpft.

Zeigten Knaben und Mädchen keine grundsätzlichen Unterschiede in der Stimme, so ist diese nun nach der Mutation zu einem der sekundären Geschlechtsmerkmale geworden, d. h. sie differenziert sich nach ihrem Träger, ob er männlichen oder weiblichen Geschlechtes ist. Für die zuweilen schwierige Geschlechtsbestimmung bei Zwittern (Hermaphroditen) kann es wichtig sein, ob die Stimme mehr zum maskulinen oder femininen Klang tendiert. Wird ein Eingriff vor dem Stimmwechsel vorgenommen, so entsteht aus der Knabenstimme keine Männerstimme, sondern eine Kastratenstimme, die uns im 11. Kapitel beschäftigen wird.

Ehe es zur Bildung der neuen Erwachsenenstimme kommt, geht die bisherige Gesangsfähigkeit verloren, — und oft für immer: viele hatten als Kinder eine gute Gesangsstimme, jetzt stellt sie sich nicht mehr ein. Früher strahlende Knabenstimmen werden nun zu krähenden Tenören oder knarrigen Bässen und bleiben es fürs Leben. Nicht so sehr, wie meistens angenommen wird, durch Schädigungen infolge des Stimmwechsels oder während dieses relativ kurzen Zeitabschnittes, sondern meist durch den in den Kinderjahren allmählich bemerkbaren Rückgang der Stimme, der mit der Mutation seinen Schlußstein erhalten kann. Nach Schmidt-Scherf hatten etwa 25% der Studierenden einer süddeutschen Universität nicht durchmutierte Stimmen.

Gelegentlich begegnet man Männern, bei denen der Stimmwechsel zum „Stimmbruch" wurde, hörbar am fistulierenden Überschnappen beim Sprechen. Ein solcher Stimmkrüppel wird am Telefon leicht für eine Frau gehalten. Die störenden und peinlichen Auswirkungen eines solchen stimmlichen Infantilismus zu beseitigen, ermöglicht heute eine Übungsbehandlung, die das von der Natur Versagte nachholt. Hat der Kehlkopf eines Mädchens während der Mutation die Größe des männlichen Kehlkopfes angenommen, wodurch eine entsprechend tiefe Stimme entsteht, so nennt dies L. Stein die seltene „perverse Mutation“.

Es können aber auch Krankheits-Einwirkungen einen pathologischen Stimmzustand hervorrufen; so pflegt eine Diphtherie häufig dauernde Heiserkeit zu hinterlassen, die sich als schwer reparabel erweist.

Es gibt noch weitere Anlässe für eine rückläufige Entwicklung der Stimme: wenn Halberwachsene mit der noch unausgereiften Männerstimme unter Leitung eines ehrgeizigen Dirigenten im Schulchor oder anderwärts in jugendlicher Singbegeisterung mitwirken. Die jungen Menschen sind in der Körpergröße schnell hochgewachsen, aber der Brustkorb und die darin ruhenden Atemkräfte noch nicht mitgewachsen. Schon durch den aufrechten Gang, seit dem 2. Lebensjahr also, ist die Brust flacher geworden, die einstige Tonnenform verlorengegangen.

Durch den zweiten Weltkrieg haben viele Männer eine ungewöhnlich lange Militärzeit hinter sich: erst beim Arbeitsdienst, dann zur Ausbildung eingezogen, von da unmittelbar in den Krieg gegangen, schließlich noch in Kriegsgefangenschaft geraten, so daß sich eine Reihe von Jahren summiert, in denen etwas ganz Ungewohntes geleistet werden mußte: Kommandieren und Singen, und das möglichst laut. Man trifft deshalb öfters Opfer dieser ungewöhnlichen Aufgaben, weil besonders das Kommandieren Überanstrengung bot, von dessen Besonderheiten wir noch hören werden. Soweit das Singen nur in Gesangsstunden getrieben wurde, dürfte Schaden seltener eingetreten sein. Schlimmer sieht es dagegen aus, wenn zum Marschieren gesungen werden muß, um damit anfeuernd zu wirken. Während schon die Marschleistung und das Gepäcktragen den vollen Atem beanspruchen, soll zusätzlich in beengender Uniform noch Luft zum Singen vorhanden sein, wobei der ganze Staub der Vordermänner eingeatmet wird. Nur selten dürfte sich eine Truppe dagegen gewehrt haben, wie es der Dichter Ernst Wiechert aus seiner Militärzeit im ersten Weltkrieg berichtet: „Die Soldaten streikten mit dem Singen trotz Befehl des sehr jungen Leutnants. Er ließ halten, kehrtmachen und zurückmarschieren. Trotzdem ohne Erfolg, da die Soldaten weiter schwiegen“. Solche Proteste gegen gedankenloses Stimmexerzieren wären öfter zu wünschen gewesen.

Nach unserer bisherigen Darstellung dürfte die Tatsache, daß der stimmliche Zustand der meisten Erwachsenen mangelhaft ist, kaum überraschen, da die einstige elementare Kraft des kindlichen Stimmorganes verloren zu gehen pflegt. Wenn Erwachsene nur eine halbe Stunde so schreien müßten, wie sie es als Kleinkinder mühelos taten, würde ihnen der Hals weh tun. In den dazwischen liegenden langen Jahren wurden wir vor allem zu geistiger Leistungsfähigkeit herangebildet, ebenso der Körper durch Turnen, Gymnastik, Sport und Spiel trainiert; nur für die Stimme wurde nichts getan oder wenn, dann nicht das Richtige und Wesentlichste. Deshalb ist der Durchschnitt der Erwachsenen stimmlich keineswegs als gesund oder normal zu bezeichnen, und selten findet sich eine klangvolle Stimme, weil sie nicht in die richtige Bahn gelenkt wurde, die einen sachgemäßen Gebrauch der Kehle ermöglicht. So hören wir meistens eine klanglose Mittellage, während die Höhe, wenn überhaupt vorhanden, nur mit Anstrengung gelingt. Auch das Nachsingen einer angegebenen Tonhöhe ist vielen Menschen unmöglich, ebenso die Wiederholung eines bereits gesungenen Tones: sie finden sich in ihrem eigenen Stimmbereich nicht zurecht.

Am deutlichsten wird dieser magelhafte Stimmzustand im kirchlichen Gemeindegesang. Was einmal Grillparzer gesagt hat, daß in der Kirche immer die falsch Singenden am lautesten sind, wird in einem Fachaufsatz von W. Hanft bestätigt, der von gesanglicher Zuchtlosigkeit, durchdringenden Tönen musikalisch Gehörloser, Schrilltönigen, zu tief Singenden und von selbsterfundenen Gegenstimmen, freien Bässen usw. spricht. Aber auch hier ist es weniger der Mangel an Musikalität, als das Unvermögen, die Stimme in den Dienst auch nur einfachen Gesanges zu stellen.

Wenn jemand zum Spiel eines Instrumentes, etwa zur Ausübung des Klavierspiels, unbegabt oder daran uninteressiert ist, so hat diese Nichtbetätigung keinen Nachteil für seine Gesundheit. Anders dagegen wirkt sich der Mangel einer zweckmäßigen und naturgewollten Stimmbetätigung aus, der im ganzen Organismus spürbar werden und zu Erkrankungen im Bereich der Luftwege bis zur Tuberkulose führen kann.

Mit der stimmlichen Beschränkung geht nämlich Hand in Hand eine allmähliche Verschmutzung und Verschleimung der Atemorgane. Dies zieht rückläufig wieder die Stimme in Mitleidenschaft, indem sie mit Katarrhen bis zur Heiserkeit reagiert. Begleiterscheinungen sind hierbei das Räuspern, Husten und das Bedürfnis zur Expektoration, der Entschleimung. Diese drei natürlichen Funktionen bilden gleichzeitig Signale, daß in den Luftwegen etwas die Stimme Störendes und Behinderndes im Wege liegt.

Das Räuspern hört man meistens hart und kratzig, jedenfalls unzweckmäßig, weil dabei der Kehlkopf eher gereizt und ein Lösen nicht erreicht wird. Wie komisch das Räuspern wirken kann, erzählt Otto von Taube, dessen Hauslehrer „sich alle Augenblicke geradezu meckernd räusperte, was den angriffslustigen Schafbock, der an Hundes Statt mitspazierte, zu einem heftigen Stoß in den Rücken herausforderte“. Es kann das Räuspern zu einer nervösen Gewohnheit werden, wie bei Bismarck. Gleich ob aus physischem Bedürfnis entstanden oder zur neurotischen Angewöhnung geworden, erweist sich dieses störende Räuspern einer Übungsbehandlung leicht zugänglich.

Ebenso läßt sich harter und festsitzender Husten durch Stimmübungen in einen weichen, leicht lösbaren umwandeln bis zum allmählichen Abklingen, jedoch darf er nie künstlich unterdrückt werden.

Schließlich muß auf die Wichtigkeit intakter Schleimhäute für die Stimme und ihr Zusammenwirken hingewiesen werden. Weil sie sich meist in einem gereizten oder leistungsschwachen Zustand befinden, wird die Stimme durch eine pathologisch vermehrte Schleimmenge gebremst oder die Kehle durch Eintrocknen des Sekrets empfindlich trocken. Da gute Stimmen stets mit gesunden, leistungsfähigen Schleimhäuten ausgestattet sind, so kann umgekehrt bei schlechten Stimmen durch ihre Verbesserung auch auf die Schleimhäute eingewirkt werden, so daß sie regenerieren und sich kräftigen.

Heiserkeit bildet ein deutliches Symptom behinderter oder kranker Stimme. Hierbei kann Schleim auf den Stimmbändern liegen oder eine Muskelgruppe durch Lähmung ausgefallen oder die Höhenlage der Stimmbänder asymmetrisch geworden sein, so daß Doppeltönigkeit eintritt, die wir Heiserkeit nennen. Bei Dauerheiserkeit ist an Krebs oder Tuberkulose zu denken.

Die für viele Menschen sicher neue und freudige Mitteilung, daß die Anlässe zu Räuspern, Husten, Verschleimung und Heiserkeit auf stimmlichem Wege weggeübt werden können — was schon in Hunderten von Fällen erreicht worden ist —, wird durch einen Hinweis auf unsere eigenen Abwehrvorrichtungen verständlich: Um das Eindringen von Staub, Ruß, Qualm und Bakterien, kurzum von Schmutzteilen, zu verhindern, haben wir die Nasenreinigung und Flimmerhärchen in den Luftwegen, die durch Eigenbewegungen Schmutzteilchen herausbefördern sollen. Diese Einrichtung fehlt aber an der Stimmritze, wo die Entschmutzung stecken bleibt. Wir unterstützen also nur die Natur, wenn wir durch Üben von Stimmritzenverschlüssen nachhelfen.

Grundsätzlich müssen wir bedenken, daß die Funktionen unseres Körpers auf ein naturgemäßes Leben eingestellt sind, von dem wir uns aber immer mehr entfernen, so daß die Organe mißbraucht und malträtiert werden. Was für die Pflege, Schulung und Heilung der Stimme als naturgemäß zu bezeichnen ist, soll uns der letzte Teil dieser Darstellung zeigen.

Verschont von solchen stimmlichen Störungen bleiben im allgemeinen außer den Berufssängern diejenigen Erwachsenen, die sich stimmlich etwas betätigen können, sei es im Chorgesang oder als Dilettanten im Kunstgesang. Durch die Möglichkeit, sich in Tönen zu äußern und auszuarbeiten, werden dabei die Stimm- und Atemorgane trainiert und verschmutzen nicht so schnell. Immer vorausgesetzt, daß dieses Singen ohne falsche Kehlfunktionen erfolgt. Auch darf es dabei nicht so zugehen wie im Münchener Künstler-Sänger-Verein, wo der junge Lovis Corinth als neues Mitglied „seiner Statur nach im zweiten Baß" singen sollte, dort aber als „Schusterbaß" unangenehm auffiel.

Während die Frauenstimme, wie wir sahen, im Gegensatz zur Männerstimme, beim Stimmwechsel keine grundlegende Umwälzung erfährt, steht diesem Vorzug eine Abhängigkeit von den Attributen ihres Geschlechtes gegenüber: dem menstruellen Zyklus, der Schwangerschaft und dem Klimakterium. In den prämenstruellen Tagen verliert die Frauenstimme ihre Leichtigkeit, Reinheit und Mühelosigkeit, namentlich in der Höhe. Deshalb sind bei den Theatern und besonders den Opernhäusern sog. Respekttage eingerichtet, an denen eine Sängerin wegen ihres gesundheitlichen Zustandes zum Auftreten nicht verpflichtet ist. Während der Menses kann Anstrengung oder Überanstrengung zu Stimmschädigungen Anlaß geben. Schwangerschaft bringt eine Beeinträchtigung der Atemexkursionen mit sich. Wenn im Alter nach den Wechseljahren die geschlechtlichen Funktionen nachlassen und zum Erlöschen kommen, verliert die Stimme ihren bisherigen Klang, er wird tiefer und männlich.

Gemessen an dem Riesenaufwand von Kosmetik, Massagen und Kuren für Schönheitspflege und gegen Alterserscheinungen, verglichen mit dem weitreichenden Sportinteresse zur Körperertüchtigung, geschieht in bezug auf die Stimme, ihre Verschönerung und Erhaltung, auch nichts annähernd Ähnliches, so daß heute manche Frau ihren Zehennägeln weit mehr Beachtung schenkt als dem Wohlklang ihrer Stimme.

Wie ein Lebensschicksal von der Stimme beeinflußt werden kann, sei durch folgendes Beispiel illustriert: Eine Witwe mit zaghafter, unterwürfiger Stimme hatte Schwierigkeiten im Umgang. Nach Teilnahme an einem Kursus gewann ihre Stimme plötzlich Macht über die Menschen, sie wurde Vorsitzende eines Vereins, ihr Bekanntenkreis erweiterte sich, und sie fand mit der neuen Stimme sogar einen neuen Mann (nach Green und Cochrane).

Im Dienst ihres Geschlechtes stehend, hat die Stimme der Frau noch ganz besondere Aufgaben: sie soll durch Wohlklang Weiblichkeit und Mütterlichkeit ausstrahlen, was weder schrille, scharfe oder piepsige Organe vermögen noch abnorm tiefer Klang vermännlichter Frauen. Gutzkows Herz schlug für eine 16jährige Brünette leidenschaftlich, deren sonore Stimme ihn am meisten fesselte, weil sie allen Worten den Charakter bedeutungsvoller Reife gab. So wirkt der Ausspruch Gottfried Kellers geradezu wie eine Mahnung: „Es ist hauptsächlich der Klang der Stimme, der an den Frauen für mich entscheidend ist, und ich erkenne ein wahrhaft schönes und gutes Frauenherz fast augenblicklich daran".

Auch beim Mann pflegt im vorgerückten Alter die stimmliche Intensität nachzulassen, ebenso die Luftmenge in der Lunge und damit der Atemdruck. Wie die Handschrift unsicher und das Gesicht runzlig wird, so auch die Stimme brüchig und zittrig. Dieser Verlust an Elastizität, Geschmeidigkeit und Klangfähigkeit kann verhindert oder zumindest aufgehalten werden, wenn rechtzeitig etwas für die Erhaltung der Stimme getan wird. Man muß durchaus nicht so wirken wie der alte Bischof von Budoja und der uralte Patriarch von Assyrien, die Pfitzner im Konzilakt seiner Musikalischen Legende „Palestrina" meisterhaft komisch charakterisiert hat: mit hohen dünnen Greisenstimmchen, sozusagen als wandelnde Stimmruinen.

Auf einem infantilen Stimmzustand stehengeblieben sind die Geisteskranken, von denen E. Zwirner ohne Wissen der Patienten Aufnahmen gemacht hat, die monotone Sprachmelodien mit bestimmten Tonfolgen, laute Schreie, Klage- und Angstrufe, traurig klingendes Stöhnen hören lassen,

3. Die Stimme im täglichen Leben

Wenn wir uns und unsere Mitmenschen mit offenen Ohren beobachten, so hören wir überall einen unnötigen Stimmaufwand: in Geschäften, Büros, Bahnabteilen und Lokalen wird meist zu laut gesprochen. Freilich gibt es im Berufsleben vieler Menschen mancherlei Anlässe hierzu: abgesehen von den Arbeitern in Betrieben mit Großlärm sind es die Angestellten mit Publikumsverkehr und Besprechungen in einem Raum, in dem gleichzeitig Büromaschinen klappern. Oder eine Verkäuferin hat ihren Arbeitsplatz in der Nähe einer Maschine (Ventilator, Eismaschine). Oder wegen der Hitze führen Betriebsangehörige Gespräche und Verhandlungen bei offenen Fenstern, durch die der Straßenlärm, an Verkehrspunkten überlaut, hereindringt. In allen solchen Fällen müssen Geräusche und Lärm ständig übertönt werden, was unbewußt zu einer stärkeren, über dem Normalton liegenden Stimmgebung führt, die auch beibehalten wird, wenn sie nicht nötig ist, z. B. zu Hause. Ebenso gibt das Telefonieren meist Anlaß, den hierzu nötigen Stimmaufwand zu überschätzen, weshalb im Amtlichen Fernsprechbuch für Berlin, Seite 1, steht: „Deutlich, aber nicht zu laut in das Mundstück hineinsprechen“. Es sind Fälle bekannt, bei denen nur vieles Telefonieren zu Stimmbeschwerden geführt hat. Schließlich ist es auch ungezügeltes Temperament, das sich an der Stimme und auf deren Kosten entfaltet.

Ebenso wird oft viel zu hoch gesprochen, z. B. in der begreiflichen Erregung zu Anfang einer Verhandlung oder einer Rede. Diese zu hohe Lage, die leicht ins Falsett umschlägt, ist ein Zeichen unserer zu Verkrampftheit neigenden Zeit, wie andererseits das Hasten der Menschheit in zu schnellem Sprechtempo Ausdruck findet. Aufregung und Nervosität, zu denen wir heutzutage soviel Anlaß haben, dürfen an der Stimme möglichst nicht hörbar werden, im Gegenteil kann eine betont ruhige Tongebung auf den ganzen Menschen beruhigend einwirken. Das ist z. B. erwünscht, wenn wir zu einem Vorgesetzten, vielleicht einem unangenehmen Vorgesetzten, gerufen werden, um dort Vorwürfe entgegenzunehmen. Dabei legt sich die Angst auf die Kehle, sie wird trocken, und das zur Rechtfertigung Vorbereitete wirkungsvoll zu sagen, ist kaum noch möglich.

Wenn wir somit einen Mangel an Ökonomie in der Stimmgebung feststellen und uns bemühen, die Forderung „Rationell arbeiten“ auch auf die Stimme zu übertragen, so ist damit nicht gemeint, dies aus Angst vor eventuellen Stimmschäden befolgen zu müssen, sondern um eine Beherrschung in der Tongebung zu erzielen: kein unnützer Stimmaufwand, wenn er nicht nötig ist.

Allerdings gehört lautes Austoben und Stimmengewirr zum Ausdruck der Freude, zum Feiern froher Feste und zu vielen alten Gebräuchen. So mußten nach schleswiger Sitte die Frauen auf dem nur halb beladenen Wagen mit dem letzten Kornfuder unterwegs unbändig kreischen. „Diese gemeinsame Hingabe an die Kraft ihrer Kehlen und Lungen im Bunde mit dem Schnaps berauschte sie“ (Voigt-Diederichs).

Es gibt auch heikle Situationen, in denen Stimmbesitz wertvoll sein dürfte. Bei Überfällen dient die Stimme durch laute Hilferufe geradezu als Waffe. Bei einem nicht so dramatischen Anlaß, nämlich eingeschlossen oder vergessen worden zu sein, kann der davon Betroffene ein richtiges Stimmkonzert hören lassen, wie es Freiherr von Knigge auf Grund eines an sich heiteren Vorfalles anschaulich schildert. Auch beim Verlaufen kann kräftige Stimme zum Retter werden, was ich selbst einmal in einer finsteren Winternacht bei prasselndem Regen und Sturm erlebte. Schlimmer erging es Wilhelm Filchner, als er in Tibet die Richtung verfehlt hatte: „Ich brüllte noch einmal in die Nacht hinaus. Mit der Kraft der Verzweiflung stieß ich einen als Notsignal vereinbarten tibetischen Ruf aus“.

Bestimmte mechanische Arbeiten sind auf Befehlsgabe angewiesen, wozu die Stimme geeigneter ist als eine Zeichensprache, weil diese mindestens eine freie Hand bedingt, während die Stimme auch im Finstern und von Partnern, die sich nicht sehen können, gehört wird. Am bekanntesten ist bei uns der Ruf Hau-ruck. Das Streben nach rhythmischer Arbeitsgestaltung durch akustische Stimmsignale, schon bei den Primitiven bekannt, hat zu einer ganzen Literatur von Arbeitsgesängen bei allen Völkern geführt. Die Stimme dient dem Arbeitstakt wie zur Ermunterung. Es werden dabei auch die Arbeitsgeräusche einbezogen. Die Arbeitsmotorik hat wiederum die Komponisten zu künstlerischer Gestaltung angeregt, wofür der Chor der Spinnerinnen und der Matrosenchor in Richard Wagners „Fliegendem Holländer“ anschauliche Beispiele bieten. Ebenso sind die Schmiedelieder im „Siegfried“ musikalische Umsetzung des Arbeitsrhythmus.

Die Muskelanspannung bei körperlicher Arbeit bringt unwillkürlich Vibrationen der Tonwerkzeuge mit sich, die zum Ausgleich an der Arbeitsleistung teilnehmen: durch Verschluß des Kehlkopfes und Stauung der Luft unterhalb desselben wird der Oberkörper zu einem Hebelarm, der die Anstrengung erleichtert. Das kann jeder an sich selbst beim Wegrücken eines schweren Gegenstandes (Kiste oder Möbelstück) beobachten.

Solche unbewußten Lautfunktionen entstehen noch bei vielen anderen Gelegenheiten: der Mensch stöhnt, um einen Schmerz zum Ausdruck zu bringen. Wie das Wort Aus-druck sagt, muß hier ein bestimmter Druck vorhanden sein, und zwar ein aus der Lunge kommender Luftdruck, der mit einem Stöhnlaut verbunden wird. Beim Niesen bekommt man eine Vorstellung von der orkanartigen Gewalt dieses Luftdruckes, der die Schnelligkeit der höchsten Windstärke hat, und der beim Husten ermöglicht, Fremdkörperchen zum Lösen zu bringen und auszustoßen. Durch Beteiligung der Stimme an traurigen und heiteren Ereignissen sowie als Ausdrucksmittel von Gemütsstimmungen hören wir beim Weinen langgezogene Laute. Das Schluchzen ist eine stoßweise abnorme Einatmung, Heulen läßt kontinuierlich ansteigende oder absteigende Töne heraushören.

Die beim Lachen von Zwerchfellstößen angetriebene Lautgebung wird so deutlich fühlbar, daß „zwerchfellerschütterndes Lachen" sprichwörtlich geworden ist. Das Lachen kann in der Skala stimmlicher Äußerungen auch als Selbstzweck erscheinen, wie die Erfahrungen Oskar Maria Grafs beim Militär zeigen: „Nach und nach merkte ich erst, was für eine erstaunliche Waffe ein Gelächter ist, und ich wandte sie bei jeder Gelegenheit mit fast schwindelerregender Sicherheit an. Mir war nicht mehr beizukommen".

4. Grundsätzliches zur Stimmpsychologie

Die Stimmpsychologie untersucht das stimmliche Verhalten eines Menschen in bezug auf seine Konstitution, also seine körper-seelischen Gegebenheiten, und versucht aus der Stimme Aufschlüsse über Persönlichkeit und Naturell, Leistungsfähigkeit und Einstellung zur Umwelt zu gewinnen. Durch experimentelle Untersuchungen in Psychologischen Instituten, namentlich denen der Wiener Universität und der Harvard University, erhielt dieses Fachgebiet wissenschaftliche Fundierung.

Übertragen wir zunächst die alte Lehre von den vier Temperamenten auf das stimmliche Verhalten, so fallen die Choleriker durch harten, kräftigen Sprechton auf, Sanguiniker durch frische Klangfarbe, während Phlegmatiker und Melancholiker an tiefer, dunkler Tongebung zu erkennen sind.

Wenn wir bei den einzelnen Körpertypen, wie sie Ernst Kretschmer aufgestellt hat, stimmliche Merkmale suchen, so zeigt der schlanke und ranke, hagere und magere Astheniker, meist ein stiller, empfindsamer Gedankenmensch mit seiner schmalen Brust, deshalb auch leptosom genannt, und schwachen Lunge eine leise Stimme. Es besteht eine Neigung zum habitus phtisicus des Lungentuberkulösen. Dagegen wird der athletisch-muskuläre Mensch, gewöhnt, sich rücksichtslos mit dem Ellenbogen durchzusetzen, hierbei auch eine kräftige Stimme entfalten. Beim Pykniker gibt zwar die Körperfülle des Rundwüchsigen einen guten Resonanzboden, doch können die Genüsse einer vorwiegend vegetativen Lebensweise mit viel Alkohol, Nikotin und scharfen Gewürzen eine ungünstige Wirkung auf die Stimme ausüben. Wie das Herz verfettet, wird bei Mangel an körperlicher Ausarbeitung und Abhärtung infolge Bequemlichkeit auch eine fette Stimme entstehen. Dieser Ausdruck ist schon in der Literatur zu finden, z. B. wenn Th. H. Pantenius seinen ersten Hauslehrer schildert: „klein und dick, dicke Finger, fette Stimme". Bemerkenswerterweise ist hier die Stimme in die allgemeine Charakterisierung einbezogen und in Übereinstimmung mit den Körpermerkmalen gebracht worden.

Es kann aber auch — berühmte Ausnahme von der Regel — ein direktes Mißverhältnis zwischen Konstitution und Stimme bestehen. Bekanntester Fall dieser Art war Bismarck, ein Recke mit hoher, schwacher Stimme. Beim Grafen Zeppelin war eine piepsig hohe Stimme weit entfernt von dem, was die Allgemeinheit eigentlich an Stimmkraft hinter diesem Volkshelden vermutete. Dieser Äußerung Ernst Heinkels liegt die richtige Empfindung zugrunde, daß eine bedeutende Persönlichkeit auch ein entsprechendes Stimmorgan erwarten läßt.

Die Wiener Untersuchungen von Maria Bonaventura stellten die Aufgabe, Stimmen unsichtbarer Sprecher im Original oder auf Schallplatte den Fotografien dieser Versuchspersonen zuzuordnen, die z. T. auch persönlich stumm gezeigt wurden. Sechs Arbeiter sprachen einen Text mit der Bitte um Gehaltserhöhung an eine gedachte Chefin als Dialogpartnerin gerichtet, während sechs Akademiker über einen Skiunfall berichteten. Hierbei wurden am besten die Pykniker erkannt, dann die Astheniker und an letzter Stelle die Athletiker. Während die Grenzen zwischen diesen beiden Typen fließend erschienen, hoben sich die Pykniker deutlich ab. Ihre Körperfülle manifestierte sich in einer „Dicke“ der Stimme, in hörbarem Atem und einer Tonsenkung am Satzende. Bei den Nichtpyknikern fehlte in der Regel diese Fülle, es war kein angestrengtes Atmen, aber große Spannung bis zum Satzende hörbar. Hier erfolgte die Zuordnung eher durch persönliche Merkmale, die viel mehr die Innerlichkeit betrafen als den Körperbau. Am besten gelang die Zuordnung in bezug auf das Alter, also besser als auf die Körperbautypen, sie ging dabei weit über die Ziffern einer Wahrscheinlichkeitsrechnung hinaus. Altersspezifisch erwiesen sich Stimmhöhe und Tempo, nicht dagegen Stärke und Rhythmus.

Angeregt durch T. H. Pear, der im englischen Rundfunk vor 4000 Radiohörern einen Text von Dickens durch neun ganz verschiedene Personen vorlesen ließ, deren Alter, Beruf und Persönlichkeit anzugeben war, hat Herta Herzog im Radio Wien die gleiche Zahl von Sprechern eine Zeitungsnotiz betr. einen verlaufenen Hund vorlesen lassen. Bei einer Beteiligung von 2700 Hörern ergaben die Altersschätzungen 60% Genauigkeit auf ein Jahr, wobei die Tendenz bestand, die Jüngeren zu überschätzen und die Älteren zu unterschätzen. Die Körpergröße der Sprecher wurde, mit einer Ausnahme, nicht nur absolut, sondern auch relativ, d. h. untereinander, getroffen. Die Beantwortung der Frage nach der körperlichen Größe und Dicke hatten die Hörer spontan erweitert durch Details des Aussehens, die oft überraschend richtig waren. Bei sorgsamer Sprechweise schlossen sie auf gepflegte Kleidung und schmale Hände, was in der Regel stimmte. Die Scheidung in intellektuelle und manuelle Berufe war nach dem stimmlichen Eindruck eindeutig durchzuführen, denn über 2000 hörten den Taxifahrer heraus, 50% bezeichneten den Professor als Akademiker usw. Nach dem Gesamtresultat dieses Massenexperimentes kommen an der Stimme die physiologischen Daten, das Milieu, also die lokale, nationale, religiöse und soziale Herkunft — wobei der Dialekt wichtige Aufschlüsse gibt — und die Innerlichkeit in einer für den Hörer weitgehend richtig erfaßbaren Art zum Ausdruck.

Mit diesen neuen, wissenschaftlich gewonnenen Resultaten stimmen die praktischen Erfahrungen von Blinden überein, bei denen durch Ausfall eines Sinnesorganes die anderen geschärft arbeiten. Ein nach 30 Jahren durch eine kühne Operation kürzlich sehend gewordener Korbflechter erklärte: „Die Stimmen lügen nicht. Meine Frau, meine Kinder und Freunde haben ganz genau so ausgesehen, wie ich sie mir nach dem Stimmklang vorgestellt hatte". Der blinde Ernst Haun spricht sogar von einem Sehen der Blinden, indem sie aus der Stimmresonanz auf den Gesamtkörper schließen, ob sie aus einem fleischigen oder mageren Körper kommt. Auch den Charakter wissen sie vor allem nach dem Gehörseindruck zu erkennen. Eine Erregung hören die Blinden aus der Stimme ebenso deutlich wie der Sehende sie am Gesichtsausdruck wahrnimmt, ja noch leichter, weil sich äußerlich, z.B. durch ein Lächeln, etwas verbergen läßt, das aber in der Stimme nicht verborgen bleibt.

Es kann auch längere Abgeschlossenheit vom Umgang mit anderen Menschen, etwa durch eine Haft, die gehörsmäßige Beobachtung anregen, wie der Musiker Chr. Fr. Daniel Schubart aus seiner zehnjährigen Festungshaft auf dem Hohenasperg mitteilt: „Da ich Menschen hörte, obgleich ich sie nicht sah, so war es meine liebste Unterhaltung, auf ihre Stimmen zu horchen und Versuche darüber zu machen, wieviel sich vom physischen, geistigen und sittlichen Charakter des Menschen aus der Stimme erraten lasse. Es ist mir bei manchen gelungen, wie ich hernach erfahren habe. So wie sich das Alter nach den verschiedenen Stufen in der Menschenstimme abbildet, so zeugt nicht selten auch der Ton von seinen inneren Eigenschaften".

Diese Feststellungen haben wir alle schon im täglichen Umgang gemacht, ja, die Praktische Menschenkenntnis braucht und gebraucht die Stimme als Auskunftsmittel in so hohem Maße, vor allem beim Kennenlernen und einer ersten Begegnung, daß schon Sokrates einen Besucher aufforderte:

„Sprich, damit ich dich sehe!"

und W. Suhr die zeitgemäße Formulierung prägte: „Wes Geistes Kind ein Kunde ist, offenbart am ehesten seine Stimme, sein Tonfall".

Soweit Schriftproben eines Menschen vorliegen, lassen sich aus diesen wichtige Schlüsse ziehen, wie es heute u. a. bei der Prüfung von Bewerbungen in größeren Betrieben üblich ist. Wo aber schriftliche Äußerungen fehlen oder nicht möglich sind, liefert der Stimmklang ein ebenbürtiges Auskunftsmittel; denn Affekte und Seelenschwingungen werden genau wie in die Handschrift, so auch in den Stimmton übertragen. Es tritt deshalb neben die anerkannte wissenschaftliche Graphologie die Phonologie, also eine Lehre von der Laut- und Klangdeutung, die akustische Lebensäußerungen untersucht und beurteilt. Wie schon an der schwungvollen Namensunterschrift Menschen zu erkennen sind, die es im Leben und Beruf „zu etwas gebracht haben", so ist auch in ihrem Tonfall ein energischer Anstieg zu beobachten.

Was hören wir nun aus der Stimme heraus? Ruhige Stimme zeigt eine seelisch und geistig ruhige Haltung, kräftige Stimme starke Lebenskraft und Selbstvertrauen, auch flößt sie Respekt ein. Tiefe Stimme bekundet Männlichkeit und Ernst, bei weichen, lyrischen Organen ist mit Vorherrschen des Gefühls und mit Nachgiebigkeit zu rechnen. Den gemütlichen Schwaben, den frohen Rheinländer erkennen wir sofort am Tonfall ihres Dialektes. Bei schneidend-durchdringender Stimme haben wir einen Despoten vor uns, bei kreischender Stimme einen zänkischen, neidischen, kleinlichen Menschen, unrein-quäkende Stimme offenbart seelische Disharmonie. Deutlichkeit bedeutet Offenheit und Klarheit, eine murmelnd-muschelnde Sprechweise eine negative Lebenseinstellung. Unordnung in Melodie und Rhythmus der Sprache gilt als Attribut Unmusikalischer, hastige und sich verhaspelnde Sprechart ist ein Zeichen für Nervosität. Es liegt nahe, bei verschleimten, verschmutzten und kratzigen Stimmen gewisse Schlüsse auf den ganzen Menschen zu ziehen, bei unfreien und verkrampften Organen an Unfreiheit und Verkrampfung zu denken. Tausende von Bandaufnahmen und deren Analysen an amerikanischen Universitäten haben ergeben, daß unangenehme Stimmen innere Konflikte, Verkrampfungen, Neurosen offenbaren, angenehme Stimmen dagegen auf einen ausgeglichenen Menschen, der mit dem Leben fertig wird, schließen lassen. Es kann sogar die Stimme Mängel im Äußeren vergessen lassen und wettmachen; so nannte R. v. Kühlmann Albert Ballin „nichts weniger als schön. Die Natur hatte ihm aber eine sehr gewinnende Stimme verliehen. Diese Stimme, verbunden mit einer maßvollen Ruhe des Sprechens verlieh ihm etwas sehr Überzeugendes". Daß umgekehrt eine mangelhafte Stimme durch andere Fähigkeiten teilweise ausgeglichen werden kann, wird noch an bekannten Rednerbeispielen zu zeigen sein.

Aber nicht nur die Sprechstimme, auch schon das Lachen hat typische Merkmale, je nachdem es sich um ein leises Lächeln, um Gemecker, Gekicher, Gekreisch oder um dröhnende Lachsalven handelt, und es kann dabei mehr die Nase, Kehle oder Brust beteiligt sein (Armin). Befreiendes Lachen hört man vorwiegend auf dem Vokal A, Kichern auf I, schadenfrohes und höhnisches Lachen auf E oder O, es hat also jede

Lachart ihre entsprechende Lautgebung. Mantegazza nennt das Lachen der Frauen und Kinder metallisch, das der Katarrhalischen und Korpulenten fett und pastos, das geistreicher Menschen sprühend und scharf, das der wollüstigen Frauen samten und das der Egoisten unharmonisch, und so erkennt man am Lachen noch weit mehr als nur „den Narren“.

Die Beobachtung und Beschreibung von Stimmen hat zu teilweise sprachlich neuartigen Charakterisierungen und metaphorischen Vergleichen geführt, wenn Theodor Heuss von dem kupfernen Ton Bebels spricht, Rittelmeyer von dem bellenden Ton Treitschkes, Schwerin von Krosigk die Stimme Stresemanns blechern und klirrend, M. J. Bonn diese verrostet nennt, Hitlers Biograph Konrad Heiden dessen fanatisches Krähen und Stresau dessen kreischendes Organ moniert.

Sogar den Geist bzw. Ungeist einer Zeitepoche hat Tami Oelfken herausgehört, wenn sie sagt: „In geistiger Unfreiheit wachsen keine guten und freien Stimmen, sondern nur traurige und verstümmelte Töne sind zu hören. Ein noch so leidenschaftlich anmutendes Geschrei nützt nichts, wenn nicht gerechte Wut und gefühlter Schmerz dahinterstecken“.

In der Opernkunst ist zwar eine stimmliche Typisierung üblich geworden, den Helden und seine Geliebte in tenoralem Glanz und Sopran-Lieblichkeit erstrahlen zu lassen, Respektspersonen (Könige und Priester) mit Bassisten, Charakterrollen (Bösewichte) mit Baritonisten, Ammen und Mütter mit Altstimmen zu besetzen, die gleiche stimmliche Rollenverteilung auch im Schauspiel ausgeprägt, doch entspricht diese Stilisierung: Jugend und Reinheit = hohe Stimme, Alter und Reife = tiefe Stimme keineswegs in solchem Maße dem wirklichen Leben. Hier bestehen vielmehr unbewußte Beziehungen zwischen Stimme und Berufswahl; umgekehrt nimmt auch die berufliche Tätigkeit deutlichen Einfluß auf die Stimmgebung. Wie es ein typisches Berufsgesicht gibt, so auch eine Berufsstimme.

Stimmpsychologische Beobachtung gilt nicht nur der Grundhaltung von Stimmen, sondern auch ihren aktuellen Veränderungen entsprechend dem jeweiligen Affektzustand, werden doch die Gemütsbewegungen als Stimmungen bezeichnet. Schon der Atem zeigt Abweichungen vom Normalen, er wird bei Schreck und Aufregung kürzer und unruhig, während die Stimme in höhere Tonlage geht; die Erregung kann zu akuter Heiserkeit und Stimmlosigkeit führen, wie sie die Gerichtsmediziner von Psychosen kennen, Verlegenheit und Angst zu

Trockenheit im Munde, da auch die Speichelsekretion unter seelischem Einfluß steht, was der drastische Berliner Jargon zutreffend nennt: da bleibt die Spucke weg. Für die Angst ist harter Stimmeinsatz charakteristisch. Im Schmerz- und Wutschrei findet ein krampfartiges Zusammenziehen auch der Stimmuskeln statt und ergibt einen hohen, lauten Ton. Dagegen wird die Stimme bei Trauer gedrückt, umflort, mühsam, leise, tief, sozusagen auf Moll gestimmt. Seufzeratmung ist Ausdruck von Traurigkeit und Gemütsschwere. Während in freudiger Stimmung bessere Durchblutung und innere Gelöstheit eine freie und befreiende Stimmentfaltung ergibt, hat Ärger durch Stockung und Hemmung in den Gefäßen und Drüsen eine unlustbetonte Stimmgebung im Gefolge. Da die Affekte auch auf die Drüsentätigkeit einwirken, werden hierdurch Schwingungsfähigkeit und Elastizität der Stimmbänder beeinflußt, es fehlt dann, wie bei der versagenden Maschine, der Tropfen Öl. Stimmliche Disposition erfordert jenen Tropfen Öl in Form eines aus Drüsen oberhalb der Stimmbänder kommenden Sekrets.

Plötzliche Schockwirkung hat schon öfter zu Stimmverlust geführt, den Chaim Weizmann von seinem Vater berichtet: als ehrenamtlicher Vorbeter hochgeschätzt und gesucht, hatte er seine schöne Singstimme bei der Todesnachricht seines Bruders völlig verloren und niemals mehr in der Synagoge gesungen. Der Sohn erbte diese merkwürdige und außergewöhnliche Empfindlichkeit der Stimmbänder.

Die Veränderungen und Veränderungsmöglichkeiten unserer Stimme entsprechend dem jeweiligen Adressaten beleuchtet eine Äußerung von Lytton Strachey in seiner Biographie Florence Nigthingale's: wie diese zur modernen Nationalheiligen gewordene Krankenschwester mit milder Stimme den Verwundeten in Skutari Mut zusprach, während sie mit bestimmtem, unbedingtem Ton ihre Forderungen gegenüber den Sanitätsstellen durchsetzte.

Wenn die Stimme so vielseitig ins volle Menschenleben hineingreift, ja, unser Inneres widerspiegelt, muß sie auch im Liebesleben eine Rolle spielen, wie in der Tierwelt. Lange vor Erfindung des Wortes Sex appeal war bekannt, daß von der Stimme einer Frau eine erotische Wirkung ausgehen kann, was bereits eine Stelle in Shakespeares „Antonius und Cleopatra" III, 3 bezeugt. Hier fragt Cleopatra einen Boten, ob Octavia (Cäsars Schwester und Gattin des Antonius) tief oder hoch („hell") spräche, und sagt auf die Antwort des Boten, es wäre eine tiefe Stimme: „Dann klingts nicht gut, dann liebt er sie nicht lang“.

Nach den Ausführungen von Eustace Chasser über Stimme und Sexualität, die wir ergänzen, fühlen sich Frauen viel öfter als Männer von einer Stimme angezogen, namentlich begeistern hohe Männerstimmen = Tenöre die Damenwelt, merkwürdigerweise aber wirkt auch ein belegtes, fast heiseres Sprechorgan erotisierend. Auf Frauen kann eine männliche Stimme, auch wenn nur im Radio gehört, starke Wirkungen hervorrufen. Bei Männern erweckt vorwiegend die Verbindung einer weiblichen Stimme mit anderen Eindrücken den Wunsch nach einer Annäherung. Es haben aber schon öfter Rundfunkansagerinnen und Telefonistinnen nur auf den schönen Klang ihrer Stimme hin Heiratsanträge erhalten. Liebe auf den ersten Ton ist ebenso möglich wie Liebe auf den ersten Blick. Es kann bei der ersten Begegnung die Stimme sogar einer der Hauptfaktoren sein, und sie ist oft der größte wunscherregende Faktor im Annäherungsstadium der Liebe. Sex appeal einer Frauenstimme bedeutet einen sanften, weichen, süßen, verführerischen Klang.

Wir unterscheiden uns aber auch durch verschiedene Betonungen im Sprechen: die einen bevorzugen den musikalischen Akzent mit vorübergehender Erhöhung des Sprachtones, wobei die betreffende Silbe vor den anderen monotoneren hervortritt; andere fallen durch dynamischen Akzent mit Verstärkung des Tones auf, es ist der wichtigste Akzent. Wieder andere verlängern die Zeitdauer durch temporalen Akzent.

Nach der charakterologischen Analyse der Sprechweisen von Rieffert passen die Melodiker ihre Sprechweise der Bedeutung des Gesprochenen an, d. h. sie betonen nach dem Inhalt des Gesprochenen: das Wichtige wird dabei betont, das Unwichtige tritt zurück. Bei den Rhythmikern ist das Ungleichartige vor allem im Rhythmus ausgeprägt, der gegenüber dem Melos hervortritt.

Von neueren Untersuchungen interessiert uns die Unterscheidung der von F. Trojan aufgenommenen Versuchspersonen nach Gefühlstypen: der subjektive Gefühlstypus zeigt reich gegliederte Intonationskurven mit beträchtlichen Höhenschwankungen bei langsamer Sprechart. Beim verstandesmäßigen Typ fallen flache Intonationskurven, wesentlich schnelleres Tempo und zarte, aber präzise Akzente auf. Der objektive Gefühlstypus hält die Mitte zwischen diesen beiden Typen. Die Akustiker ähneln dem subjektiven Gefühlstypus bei mangelndem Gefühlsausdruck, die Visuellen stehen dem intellektuellen Typ nahe, die Motoriker zeigen ungewöhnlich kräftige dynamische Akzentuierung, oft ohne Rücksicht auf Sinnbezüge.

Zu einer Art Völkerstimmpsychologie führen mehrere Studien über Menschheitstypen von W. E. Peters, der berühmte Europäer und Amerikaner nach stimmanalytischer Methode untersuchte. Danach ist im Osten fallende Sprechart, im Westen steigende Sprechart typisch, diese zeigt starke innere Spannkraft. Amerika hat keine so einheitlichen Sprachmelodietypen wie Europa, weshalb sich die Einwanderer schnell anpassen.

In völkerstimmpsychologischer Hinsicht stehen die Romanen den Germanen gegenüber: während die mundfertigen Romanen das oratorische Element in Stimme und Sprache lieben, bevorzugt der Germane das musikalische Element: ihn erfüllt eine harmonische Stimme mit Wohlgefallen. Tiefe Stimmen vermögen uns erhaben, tiefsinnig zu stimmen, höhere Stimmen zarte Empfindungen auszulösen. Durch Rassenanlagen und Klimaunterschiede ist für Italien ein hohes Organ typisch, in der Gesangskunst Koloratursopran und Tenor, für Deutschland heldische Stimme (Heldentenor, hoher Heldenbariton), für Rußland tiefe Stimme (Baß). Die deutsche Sprache ist konsonantenreicher als die italienische, kommen doch Anhäufungen bis zu fünf Konsonanten vor, z. B. im „Lohengrin“: „sollt Zweifel“, „selbst wer“, „willst du“. Der Konsonantenreichtum gibt unserer Sprache eine besondere Prägnanz, zugleich aber auch eine klangliche Hemmung. Diese Unterschiede dürften die bekannte Erwähnung der „rauhen Stimmen der Germanen“ bei Tacitus mit erklären. In den romanischen Ländern mit klangvoller Sprache ist eine Sangeslust im ganzen Volk anzutreffen, mehr als in den anglo-amerikanischen Ländern. Hier zeigt der Redner bei geringerem Tonumfang äußerlich sparsame Gesten, während der Franzose reiche Tonmodulation mit starker Gestik begleitet.

Südliche Völker verbinden ungezwungeneres Äußeres mit lebhaft-melodischer Sprache, während wir durch die frühere militärische, ganz unphysiologische Haltung „Brust heraus — Bauch herein!“ leichter zu einer Verkrampfung neigten, die sich in gepreßter Stimme und starrem Atem deutlich bemerkbar machte. Joh. Faust erwähnt die frühere Heeresdienstvorschrift, die vor verkrampfter Haltung warnte, sie muß also beobachtet worden sein.

Das stimmliche Verhalten zu berücksichtigen, ist ganz besonders in der Kriminalistik wichtig, worüber Untersuchungsrichter und Kriminalisten Erfahrungen besitzen. H. Groß erwähnt aus seiner Praxis den halbhohen, fragenden Ton eines Beschuldigten, der angeblich nicht weiß, warum er vor Gericht zitiert worden ist. Der wirklich Unschuldige spricht dagegen heiser und stockend. Für den Querulanten charakteristisch ist die geheimnisvolle Stimmfärbung, wenn er gegen seine Überzeugung einen anderen anschuldigt. Beim leugnenden Täter fallen neben der tonlosen, kalten, leicht vibrierenden Stimme die schnappenden Mundbewegungen und ein unwillkürlicher Schlingreiz auf.

Wieweit ein Lügner sich durch seine Stimmfarbe verrät, hatte ein amerikanisches Institut für Psychologie seinen Studenten zum Testen aufgegeben. Es erwiesen sich 82% der Schätzungen als richtig. Bei diesen Wahrheitstests fiel eine Überlegenheit der Studentinnen gegenüber ihren männlichen Kollegen auf, wie auch Frauen bei einer Unwahrheit ihre Stimmen besser verstellen konnten als die Männer.

Kriminalisten werden gelegentlich durch eine für „beweisend charakteristisch" gehaltene Stimme getäuscht, da es zu den Gaunerpraktiken gehört, eine andere Stimmlage zu simulieren. Dies erfordert jedoch eine gewisse Anstrengung und ist nur bei kurzen Gesprächen (Telefon) durchzuführen; denn sobald die Aufmerksamkeit des Sprechenden abgelenkt wird, beim Verhör künstlich erzielt, fällt die Stimme leicht in ihre Normallage zurück; der Wechsel wird dann zum Verräter.

Das Verstellen der Stimme spielte eine entscheidende Rolle in dem berühmten Mordprozeß Hau, der wegen Erschießung seiner Schwiegermutter, Frau Molitor in Baden-Baden, angeklagt war. Nach den Feststellungen von Justizrat Sello wurde Frau M. telefonisch angerufen; das Zimmermädchen Bächle glaubte in der Stimme des Anrufenden die Hau's zu erkennen, teilte dies auch der von ihr ans Telefon gerufenen Frau M. mit. Zu ihrem Verhängnis hat diese die Bemerkung der Bächle über die Ähnlichkeit der Stimmen nicht beachtet und deshalb keinen Verdacht geschöpft. Der anrufende Hau gab sich für einen Postinspektor aus und forderte Frau M. dienstlich auf, sofort auf das Hauptpostamt zu kommen. Auf dem Wege dorthin erfolgte der tödliche Schuß.

In nicht wenigen Prozessen wurde der Täter von den Zeugen auf Grund seiner Stimme, insbesondere des Dialektes, wiedererkannt, da dieser leicht zum Verräter werden kann. „Der falsche Prinz" Harry Domela verriet sich beinahe durch seinen baltischen Dialekt, der im Kaiserhause nie gesprochen wurde, während er die Handschrift der Hohenzollern geschickt fälschte.

Ein schwerer Raubüberfall 1951 in Berlin NW wurde dadurch aufgeklärt, daß der Überfallene, nachdem er am dritten Tage vernehmungsfähig wurde, als Täterbeschreibung außer deren schlechter Kleidung ihren Dialekt angeben konnte: der eine hatte pommerisch, der andere sächsisch gesprochen. Diese schwachen Anhaltspunkte führten zu einer Durchkämmung der Flüchtlingslager, im 13. fanden sich die beiden Täter und legten ein Geständnis ab.

Beim Fingieren eines Dialektes kann dieser durch einen in dem betr. Landesteil heimischen Sachverständigen nachgeprüft werden. Richard Wagner hatte sich auf der Flucht vor seinem Grenzübertritt in die Schweiz, da sein falscher Paß auf einen Schwaben lautete, im Schwäbeln geübt — er selbst sprach unverfälschtes Sächsisch —, doch wurde diese Vorsichtsnahme überflüssig (nach Herzfeld).

* * *

Die bisherigen, der Stimmpsychologie zu verdankenden Erkenntnisse fordern ihre Nutzanwendung, zu unserem eigenen Vorteil. Wenn wir mit dem Stimmklang auf unsere Umwelt tröstend, ermunternd, beruhigend, werbend, drohend oder strafend einwirken, ja eine Macht auf die Mitmenschen ausüben wollen, ergeben sich gewisse Voraussetzungen und Forderungen.

Um überhaupt das Gefühl für Stimmklang zu wecken und zu fördern, empfiehlt sich lautes Lesen, wobei stimmliche Mängel offenbar werden können, deren Beseitigung wünschenswert wäre. An solche Leseübungen sollte man sich schon von jung an gewöhnen. So mußte Gutzkow als Knabe zu Hause Sonntag nachmittags eine endlos lange Predigt aus der „Postille" vortragen, und er bezeichnet dies als „die gesündeste Stärkung, wenn nicht der Seele, doch der Lunge; sie hob die physische Stimme, gab ihr Kraft und Nachdruck".

Alles Geschriebene soll man vor Absendung laut vorlesen: wenn es sich gut liest, wird die Stimme zu klangvoller Entfaltung angeregt. Eine solche klangliche Prüfung macht Wert oder Wertlosigkeit des Geschriebenen deutlich. Also eine

Qualitätsprobe auf stimmlichem Wege. Beim *Auswendiglernen* eines Textes wird das Gedächtnis durch lautes Sprechen entlastet, weil bei der Wiedergabe Stimmklang und Mitbewegungen der Lippen eine akustische bzw. motorische Hilfe bieten. Auch die *Einprägung einer Rede* wird durch lautes Probieren unterstützt, ja, beim Sprechen stellen sich oft Gedanken leichter ein, weshalb die alte Schulregel: „Erst überlegen, dann reden!" keineswegs immer gilt.

Da man von der eigenen Stimme keinen zutreffenden Eindruck haben kann, die wir aus dem Widerhall im eigenen Schallraum hören, aber nicht außerhalb dessen, so wird eine *Selbstkontrolle* durch Bandaufnahmen unerläßlich. Fast jeder ist dabei von seinem Stimmklang überrascht und erkennt sich nicht wieder, dagegen leichter die Stimmen anderer.

Stimmpsychologie spielt im heutigen Zeitalter des *fernmündlichen Verkehrs* eine früher nicht gekannte Rolle, weil wir im Telefon, Rundfunk und auf der Schallplatte ständig Menschen hören, die wir nur nach ihrem stimmlichen Eindruck beurteilen. Diese neue Situation, auch durch das „Hörspiel" gekennzeichnet, hat unsere Ohren empfindlicher und anspruchsvoller gemacht, was uns wiederum die Verpflichtung auferlegt, erhöhten und verfeinerten Ansprüchen zu genügen. Schon die frühere Reichspost hat die Entwicklung des fernmündlichen Verkehrs gefördert durch Einführung des *Sprechbriefes* auf einigen Postämtern: Hierbei erhält der Adressat unsere Mitteilung nicht schriftlich, sondern auf einer Schallplatte (Folie) gesprochen, auf der wir unsere Gedanken, Wünsche oder Glückwünsche stimmlich zum Ausdruck gebracht haben, wie es die Schriftzüge nicht im gleichen Maße ermöglicht hätten.

Bei einer *Bewerbung* wird heute Wert auf einen handgeschriebenen Lebenslauf gelegt. Wenn die Bewerbung der Zukunft einen auf Schallplatte selbstgesprochenen Lebenslauf zusätzlich forderte, würde der graphologische Eindruck ergänzt. Zum Lichtbild gehört auch ein Stimmporträt! Vielleicht hat der Bewerber gute Zeugnisse in korrekter Handschrift (Abschrift) eingereicht, aber der Stimmklang könnte ihn als unzureichend für diese Stellung ausweisen, oder es würden Eigenarten des Stimmklanges (näselnd, kratzig, gestoßen) bestimmte Charaktereigenschaften offenbaren. Die Beantwortung der Frage, ob der Bewerber als Geschäftspartner oder für einen anderen Posten geeignet ist, wird nach dem stimmlichen Eindruck erleichtert. Für die Menschenführung ist es von Bedeutung, seine Mitarbeiter vor ständiger Beunruhigung durch die scharfe Stimme eines Bürotyrannen ebenso wie vor der langweiligen Monotonie eines nuschelnden Nörglers zu bewahren und auf wichtige Posten nur Menschen mit klarer, kraftvoller Stimme zu stellen.

Deshalb hatte die frühere Wehrpsychologie bei Prüfung der Offiziersanwärter u. a. neben Bewertung von Handschrift und Sprachformen auch die Analyse der Stimme auf Klangfarbe, Tonlage und Rhythmik einbezogen und für ihre Zwecke eine praktische Methodik herausgebildet.

Schließlich darf die etwas kühn erscheinende Frage aufgeworfen werden: ob man von der Stimme aus auf Charakter und Gemüt einwirken kann? Zwei Vergleiche sollen dies erläutern: In der Schule lernten wir schreiben, aber nicht nur das Schreiben an sich, um uns des schriftlichen Ausdrucksmittels bedienen zu können, sondern zugleich Schönschreiben, das durch Angewöhnung eines besonderen Schriftcharakters Einfluß auf Ordnungs- und Formsinn und damit auch auf die Charakterbildung ausüben sollte. Etwas Ähnliches geschah beim Militär, woran Wallaschek erinnert: der Soldat wurde an offenen Blick, stramme Haltung und laute Stimme gewöhnt. Man hat dabei die Erfahrung gemacht, daß die Anerziehung einer solchen Sprache und Haltung den Charakter beeinflußte.

Genau so ist es möglich, durch eine bestimmte Art von Stimmbeeinflussung zunächst auf das Organ selbst einzuwirken durch Kräftigen, Reinigen, Feilen und Formen, wobei die Männerstimme männlicher, die Frauenstimme weiblicher wird. Diese neue Stimmgebung überträgt sich allmählich auf den ganzen Menschen, er wird ruhiger und beherrschter oder aufgeschlossener und entkrampfter. Tritt doch auf eine Erregung sofort eine Beruhigung ein, wenn die Stimme gedämpft, die Sprache verlangsamt, die Gestikulation eingeschränkt wird, während umgekehrt ein apathischer Mensch durch Verstärkung der Stimme, Beschleunigung der Sprache und reichere Gestikulation zu Lebhaftigkeit und Aufgewecktheit gebracht wird. Spätere Beispiele aus stimmtherapeutischem Erfahrungsmaterial sollen diese erfolgreichen Möglichkeiten verdeutlichen.

Mit einer klangvollen und wohlgebildeten Stimme als tönender Visitenkarte wird man stets den ersten guten und sympathischen Eindruck bei seinen Mitmenschen machen, was für Leben und Beruf außerordentlich förderlich sein dürfte, denn wie man etwas sagt, kann von entscheidender Bedeutung sein: „Der Ton macht die Musik“.

II. Die Stimme im Beruf

5. Redner

An erster Stelle stehen die politischen Redner, Abgeordnete, Propagandisten von Parteien, Gewerkschaften und Organisationen. Sie sollen Hunderte, vielleicht Tausende von Zuhörern in stundenlanger Rede interessieren und begeistern, dabei auch Gegner gewinnen und überzeugen. Um bis zum Schlußappell steigern und mit fortreißen zu können, überhaupt durchzuhalten, ist ein entsprechender Stimmbesitz erforderlich, der solche Redewirkungen erst ermöglicht. Da die physischen Anlagen aber meist zu gering und ungeschult sind, werden sie überbeansprucht und mißbraucht. Erregung und eigene Begeisterung, auch die Größe des Raumes und die Masse der Zuhörerschaft, veranlassen eine viel zu harte, starke und starre Tongebung, so daß solche Redner am Ende verausgabt und heiser geschrieen sind. Durch Lautsprecher werden solche stimmlichen Mängel keineswegs behoben, wie manche Redner glauben, sondern eher verstärkt und vergröbert.

Namentlich Wahlreden und Reisen im Wahlkampf bieten Anlaß zu stimmlicher Überbeanspruchung und anschließendem Versagen. Aus dem Reichstagswahlkampf im Juni 1893 erzählt Wilhelm Keil von August Dreesbach: „Als der Wahlkampf den Höhepunkt erreichte, überfiel ihn eine starke Heiserkeit, die ihm das Sprechen fast unmöglich machte. Er half sich so, daß er eingemummt und mit verbundenem Hals zu den täglichen Versammlungen mit hinausfuhr, sich den Wählern zeigte und mit einigen Worten seine Unfähigkeit zu sprechen bewies. Er nahm mich als eigentlichen Referenten mit". Der stimmlose Wahlkandidat kommt aber gegenüber dem stimmkräftigen Konkurrenten ins Hintertreffen, da er Anfragen nicht beantworten, Angriffe nicht abwehren kann.

Keil selbst hatte sich nach einer Wahlreise „eine heftige Erkältung mit Lungenspitzenkatarrh zugezogen. Ein kleiner Rest blieb zurück, der sich in einem stetigen Räuspern äußerte und bis ins Alter blieb".

Wie störend solches chronisches Räuspern wird, hat Bismarck in seinen Reden gezeigt. Er konnte allerdings dieses stimmliche Manko durch die Macht seiner Persönlichkeit zum Teil ausgleichen. Etwas Ähnliches gilt auch von Stresemann, dessen Rednererfolge H. v. Dirksen um so erstaunlicher nennt, als ihn der persönliche Charme und die Vibration der Stimme abging, über die sein Gegner Briand verfügte.

Dramatisch und lehrreich sind die traurigen Erfahrungen, die Lily Braun mit ihrer Stimme machen mußte, die sie im 2. Band ihrer Memoiren schildert[1]).

Über ähnliche Erfahrungen lesen wir bei Severing: „Schon drei Tage vor der Wahl 1928 hatte ich mich mit meinen Stimmmitteln so verausgabt, daß ich die letzten Versammlungen in meinem Wahlbezirk nicht mehr wahrnehmen konnte. Am Tage nach der Wahl habe ich mich darum ungesäumt nach Bad Ems begeben, um durch eine längere Kur Stimmbänder und Kehlkopf wieder in Ordnung zu bringen. Im Sommer 1929 war ich wieder in Bad Ems, um Luftwege und Stimmittel aufzufrischen". 1935, nun ohne öffentliches Wirken, hoffte er auf den Höhen des Schwarzwaldes „die Kurmittel für die Heilung zerredeter Stimmorgane und angegriffener Bronchien zu finden".

Wir haben hier nur einige prominente, in die Memoiren-Literatur gekommene Fälle aufgeführt, in Wirklichkeit sind sie unzählbar. So hatte es der Propagandist einer Partei nach 321 Vorträgen innerhalb der letzten 15 Monate bis zur doppelten Stimmbandblutung gebracht.

Während die Rednerstimme einerseits große Mängel zeigen kann, wird sie anderseits zu den störenden Interjektionen Ä, Ö und Em eingesetzt. Wenn man diese merkwürdigen Füllsel nur von der stimmlichen Seite aus betrachtet, scheinen sie aus dem Bedürfnis entstanden, auch ohne etwas zu sagen, die Stimme weitertönen zu lassen. Es ist damit zu rechnen, daß gerade diese Mischvokale, von denen wir noch Wichtiges hören werden, unbewußt einen anregenden Einfluß auf die Stimmgebung ausüben, was hier erstmalig ausgesprochen sei.

Das primitivste Ziel der Stimmschulung für Redner heißt: zu laute Organe auf normale Tonstärke reduzieren, zu schwache Stimmen verstärken, fehlerhaften Stimmklang, wie er auch durch Dialekte z. T. bedingt ist, nach Möglichkeit beseitigen, gleichzeitig die Aussprache verbessern. Hierbei dürfen stimmliche Schwierigkeiten nicht mit Sprachfehlern verwechselt werden; an diesen leiden hauptsächlich Stotterer und Lispler, die jedoch kaum eine öffentliche Rednertätigkeit ausüben werden.

Bei dem vorgenannten Personenkreis von Rednern könnte noch einigermaßen die Entschuldigung gelten, daß sie sozusagen unbeabsichtigt in eine Rednerlaufbahn und damit verbundene stimmliche Inanspruchnahme gekommen sind, so daß

[1]) Das Wesentlichste daraus in Biehle: Redetechnik, Samml. Göschen Band 61.

vorher an eine entsprechende Vorbereitung oder gar Schulung nicht gedacht worden war, eine Entschuldigung, die auf die übrigen Angehörigen der redenden Berufe nicht anwendbar ist.

6. Lehrer und Dozenten

Ein großer Teil der Lehrer ist dem täglichen stundenlangen Sprechen meist in Räumen mit verbrauchter oder trockener Luft (Zentralheizung) nicht gewachsen. Auf Grund von 1000 beantworteten Fragebogen waren nach P. Neumann Ende der 20er Jahre 60% der Lehrer stimmleidend, in zweisprachigen Schulen von Grenzorten sogar 68%, woraus hervorgeht, daß Mehrsprachigkeit die stimmlichen Ansprüche erhöht.

Wenn es sich beim Lehrerberuf nur darum handelte, den Wissensstoff ruhig vorzutragen, würde diese Aufgabe noch bewältigt werden, wenn auch oft mehr schlecht als recht. Aber schon dazu fehlt es in vielen Fällen an stimmlicher Kraft und Ausdauer. Als ein Gymnasiallehrer einen sehr gelehrten Vortrag in Plön hielt, so erzählt Charlotte Niese, fragte ihr Großvater seinen Nachbarn laut: „Verstehen Sie etwas? Ich finde, der Mann spricht sehr undeutlich“. Diese Bemerkung hörte der ganze Saal mit Wohlgefallen, nur der Vortragende nicht. Seine arme Frau suchte ihn vergeblich durch Räuspern und Zeichen zum Lautersprechen zu bewegen. Er aber blieb bei seinem Säuseln.

Man stelle sich vor: ein solcher Lehrer soll in deutscher oder fremder Sprache Meisterwerke der Literatur vortragen! Die Schüler hören diese nur in unzureichender Weise, weil der Lehrer sich stimmlich schonen muß oder überhaupt versagt, so daß sie diese Werke erst später durch Theaterbesuche richtig aufnehmen können. „Klassische Balladen, die man uns auf der Schule oft verekelt hatte“, lernte Karl d'Ester durch Possart als hinreißende Kunstwerke kennen. Deshalb ist eine Stimmkultur für das Literaturfach unerläßlich.

Der Lehrer muß aber seinen Vortrag nur zu oft mit disziplinarischen Mahnrufen unterbrechen, die eine sehr starke Belastung bilden können. Dabei kommt es häufig vor, daß die Stimme umkippt, was auf die Schüler begreiflicherweise erheiternd wirkt und die Disziplin erschwert. Besonders anstrengend erweist sich für die Fachlehrer das Kommandieren auf Sportplätzen (Gegenwind), in der Turnhalle (Staub), in der Schwimmhalle (Chlor und Überakustik) und in technischen Fächern bei Maschinenlärm, seien es Schreibmaschinen oder Dampfmaschinen.

Viele Lehrer sind durch eine stimmliche Absonderlichkeit aufgefallen, die ihnen eine komische oder merkwürdige Prägung gab: so B. v. Bülows Pädagogiums-Direktor in Halle, dessen „Hüsteln und Räuspern, mit dem er jeden Satz begleitete, Intimität abzuwehren schien“, so Gutzkows Professor und Prediger in Berlin, ein „uns unheimlicher Mann, dessen Sprechweise die lauteste war, immer wie auf Echo berechnet, dabei singend im Ton und zuweilen fast mit wirklicher Absicht, statt zu sprechen, zu singen. Die Töne gingen dann wie im chromatischen Lauf die Skala durch. Das Liebliche erhielt die hohen, das Ernste die tiefen Noten. Zuweilen fiel der Sonderling plötzlich aus der Rolle und sprach mit vollkommener Natürlichkeit“.

Als ich in die Schule kam, fand ich ein Requisit vor, dessen Zweck mir noch unbekannt war: den Spucknapf neben dem Katheder. Wir Schüler brauchten ihn nicht, um so mehr aber die Lehrer. Welcher Zusammenhang zwischen diesem unästhetischen Zubehör und der Lehrtätigkeit besteht, wurde mir Jahrzehnte später klar, als ich die stimmliche Situation der Lehrer kennen lernte, darunter folgende besonders aufschlußreiche Fälle:

Studienrat Dr. A.: Stimmbeschwerden seit 20 Jahren, heiserer Klang, nicht durchhaltend im Unterricht. Mußte sich dauernd räuspern, was die Ärzte verboten. Frühere Mitwirkung im Männerchor war aufgegeben worden. Zweimaliger Besuch in einem berühmten Kurort brachte keine Änderung. Jeden Winter stellten sich in Abständen Schnupfen mit Bronchialkatarrh von unbeschreiblicher Heftigkeit ein. Auch die Bemühungen eines Stimmarztes mit Gesangsunterricht blieben ohne Ergebnis. Erst eine Übungsbehandlung weckte die ursprüngliche Stimmanlage und löste tiefsitzenden Schleim. Nach Beseitigung der alten Beschwerden und des belegten Tones wurde der Schulunterricht ohne Anstrengung durchgeführt. A. konnte sogar eine Festrede in der großen Aula mit auffallend gebessertem Klang halten und durchhalten. Auch die einstige Singstimme funktionierte wieder, wie Proben zu einem Männerchor-Konzert zeigten.

Von ihrer stimmlichen Leidenszeit und Wiederherstellung berichtet die Lehrerin B.: „Während der fast 30jährigen Tätigkeit als Lehrerin sind an meine Stimme große Anforderungen gestellt worden. Vor nun beinahe drei Jahren traten beim Unterricht eine große Müdigkeit derselben und eine sich immer steigernde Heiserkeit auf. Besonders im Schulmusikunterricht wirkten sich diese Störungen recht unangenehm aus.

Ein hiesiger Halsarzt stellte fest, daß die Stimmbänder infolge eines winzigen Sängerknötchens nicht schließen und verordnete mir Ruhe. Da sich nach längerer Zeit keine Besserung zeigte, suchte ich Prof. X in Berlin auf, der die gleiche Diagnose stellte, ebenfalls Sprechen und Singen, soviel es angeht, einzuschränken gebot, während er eine Operation oder Beizen nicht empfahl. In der Schule wurden mir einige die Stimme besonders anstrengende Stunden abgenommen. Auf den Rat von Prof. X ging ich auf vier Wochen zur Kur nach Y. Der dortige Arzt konnte an den Stimmbändern nichts Krankhaftes feststellen, er führte die Heiserkeit auf nervöse Erscheinungen zurück und verordnete mir zur allgemeinen Stärkung Bäder und — Schweigen. Nach acht Wochen größter Ruhe war meine Stimme durch dieses Schweigen soweit „genesen", daß ich überhaupt nicht mehr singen konnte. Ein Musikunterricht war unmöglich, auch in den anderen Fächern machte mir das Unterrichten große Mühe. — Heute nach ungefähr 20 Übungsbehandlungen ist meine Stimme völlig wiederhergestellt, ja, ich behaupte, als Singstimme umfangreicher und tragender geworden. Schon nach den ersten Stunden der Übung stellte sich eine wesentliche Besserung ein, die es mir wieder ermöglichte, stundenlang vor meinen Schülerinnen zu sprechen". Einige Monate später: „Das Resultat hat sich bis heute nicht nur gehalten, sondern noch gebessert, so daß ich nach einer Pause von fast drei Jahren in diesem Monat in einem Kirchenkonzert singen werde". Um nur einen wichtigen Punkt herauszugreifen: Die Heiserkeit wurde mit Nervosität erklärt, während gerade umgekehrt das stimmliche Versagen im Beruf mit Recht nervös machen mußte. Nehmen wir aber eine nervös-hysterische Komponente an, so ergibt sich die Frage, warum gerade die Stimme zum locus minoris resistentiae wurde, und nicht ein anderes Organ, z. B. Herz oder Magen?

1936 meldeten sich auf ein Rundschreiben des Berliner Hauptschulamtes 100 an Stimmstörungen leidende Lehrer und Lehrerinnen, 90 trugen ihre Krankengeschichte persönlich vor. Von ihnen wurde etwa ein halbes Dutzend der schwersten Fälle ausgesucht, die im Rahmen eines Forschungsstipendiums in eine mit den Sommerferien beginnende Übungsbehandlung genommen werden konnten unter strenger klinischer Kontrolle, die in Vor- und Nachuntersuchungen vergleichendes Zahlenmaterial bot. Wie waren die Ergebnisse?

Lehrer C hatte seit Jahren an hartnäckigen Katarrhen bei infantilem, dysphonischem Klang und falscher Sprechlage gelitten. Sol- und Seebäder waren von guter Wirkung gewesen, dagegen bezeichnete er die Kur in einem weltbekannten Luftkurort als ganz großen Reinfall. Er wurde nach einer Angina entmandelt, erhielt Sonderurlaub für einen achtwöchigen Aufenthalt im Schwarzwald, der für Nebenwirkungen günstig war, das Stimmleiden aber unverändert ließ. Zwar vermochten 17 Stimmübungsbehandlungen noch nicht den heiseren Klang und die alten Beschwerden ganz zu beseitigen, doch wurden die früheren schmerzhaften Katarrhe in ein druckartiges Gefühl umgewandelt, der zu dicke und schlaffe Hals wurde straffer und fester (von 39,5 auf 37 cm), der zu niedrige Blutdruck stieg zum Normalen an (von 110/80 auf 120/90), die Lungenkapazität im Mittelwert von 3600 auf 3800 ccm.

Lehrer D.: Chronische Heiserkeit, häufig Luftröhrenkatarrh, Überanstrengung, die sechste Stunde kaum noch durchführbar. Nach 18 Stimmübungsbehandlungen Kehle freier, die früheren stimmlichen Zusammenbrüche und allherbstliche Bronchitis nicht mehr aufgetreten, kann nicht nur besser sprechen, sondern hat seit Schulbeginn auch die sechste Stunde durchgehalten.

Turn- und Sportlehrerin E.: acht Jahre im Schuldienst, Sprechen im Freien anstrengend, schwaches Organ, kurzer Atem, Kehlkopf wund, heiser, kein vollständiger Stimmbandverschluß. Nach der Übungsbehandlung: Sprechstimme tiefer und voller, Stimmbänder schließen. Obwohl es sich um einen sportlich dauernd trainierten Körper handelt, ist der Brustumfang während der Übungszeit bei tiefster Inspiration von 86 auf 93 cm, bei völliger Exspiration von 85 auf 91 gestiegen, der Blutdruck von 145/105 auf 125/80, also auf normale Werte, gesunken.

Handelslehrer F.: 20jähriges Räuspern war zu einer neurotischen Angewohnheit geworden bei trockenem Kehlkopfkatarrh. Nach der als „wohltuend" empfundenen Übungsbehandlung Rachenring ohne die frühere Rötung, Besserung besonders dadurch eindrucksvoll, daß das chronische Räuspern und Hüsteln nicht mehr auftrat.

Lehrerin G.: Unterrichtet in Turn- und Kochräumen sowie in Schwimmhallen, war schon ein halbes Jahr wegen Stimmlosigkeit beurlaubt gewesen, Laryngitis, jährlich zweimal Bronchitis, atmet falsch. Nach der schleimlösenden Übungsbehandlung Atemnot kaum noch, hustet fast gar nicht mehr, noch etwas rauher Hals rechtsseitig. Die sonst im Frühjahr und Herbst regelmäßigen Kehlkopf- und Luftröhrenkatarrhe sowie Heiserkeit waren trotz Witterungsumschwung im Oktober nicht mehr aufgetreten.

Die von der früheren Berliner Schulverwaltung jährlich nur für Vertretung stimmkranker Lehrer ausgegebene Summe, eine fünfstellige Ziffer, wäre für eine Gesundschulung solcher Lehrer niemals bewilligt worden, und wieviel Nutzen hätte sie bringen können!

Eine Sonderbesprechung sei den Religionslehrern, Katecheten genannt, gewidmet. Als nicht schuleigene Lehrer, sondern Diener der Kirche, geben sie in allen Klassen einer Schule den Religionsunterricht, der ein Stimmorgan erfordert, das bis in die Herzen der Kinder dringt. Wir wünschen uns vom Religionslehrer eine Stimme, die Gläubigkeit und rechte Innerlichkeit ausstrahlt. Wie sie nicht sein soll, erzählt W. Korolenko vom Realgymnasium in Rowno: „Der Pope hatte ein unangenehme, klirrende Stimme, in der nicht ein einziges Mal jene echte, warme Note erklang, aus der man eine innige Empfindung, einen lebendigen Glauben hätte heraushören können“.

Wenn sich der Religionslehrer nicht durchsetzen kann, entsteht auch in seinem Fach Disziplinlosigkeit. So war Prof. Ragaz „diesen großen Klassen von im Flegelalter stehenden Burschen, die den Religionsunterricht höchstens als Radaufach gelten ließen, einfach nicht gewachsen“.

Berufsmäßig erschwerend wirkt, daß die Religionslehrer im Unterricht Choräle einüben, also selbst singen müssen, was für viele eine zusätzliche Belastung bedeutet und stimmliches Versagen begünstigt.

Religionslehrerin H., früher Altistin im Kirchenchor, hatte schon nach kurzem Sprechen und Singen Trockenheit im Halse. Die mit amtlicher Unterstützung durchgeführten zehn Übungsbehandlungen ermöglichten, „daß das viele Sprechen und Singen keine besondere Anstrengung mehr bedeutet, die früheren Erscheinungen erheblich gebessert, ja z. T. völlig behoben sind“. Auch war die frühere Herbst-Heiserkeit bis November noch nicht aufgetreten.

Religionslehrerin I., früher ein sehr guter 2. Sopran im Schulchor, litt seit einem halben Jahr an Schmerzen und Ermüdung der Kehle, hatte wohl auch nie richtig geatmet. Die Ermüdungserscheinungen nach langem Singen und Sprechen haben seit der Übungsbehandlung nachgelassen, Kehlschmerzen zeigten sich dabei nicht mehr. Die Atmung wurde freier.

Bei dem Religionslehrer K. konnte der Zusammenhang von Stimme und Katarrh besonders eindrucksvoll studiert werden: erst chronische Bronchitis mit öfterer Heiserkeit, nun nach viel Räuspern, Auswurf und schließlich belligem Husten Verschwinden der Bronchitis und stärkere Tongebung, so daß der Unterricht ohne nennenswerte Anstrengung durchgeführt wird.

* * *

Dozenten, deren Stundenzahl zwar weit niedriger als die der Schullehrer liegt, haben dafür mit einer größeren und anspruchsvolleren Hörerschaft zu rechnen. Auch bei den Dozenten treffen wir viel stimmliche Unzulänglichkeiten und Eigenarten, so daß in manchen Fällen ihre Veröffentlichungen zu lesen lehr- und genußreicher ist als das Anhören des Autors. Sicher beeinflußt auch das jeweilige Fachgebiet Stimmaufwand und Sprechart, je nachdem ob trockene und sachliche oder praktische und persönliche Dinge vorgetragen werden.

Universitätsprofessor L. (Mediziner), schon auf der Schule chronisch heiser gewesen, konnte zwar bis Unterprima noch singen, aber nicht mehr in dem damals gebildeten Schulchor. Das Dozieren, nicht in der richtigen Tonlage, strengte ihn an. Eine sehr begrenzte Übungsbehandlung ließ ihn aber den eigentlichen Sitz der Stimme deutlich spüren unter Lösung von Unreinigkeiten.

7. Geistliche

Auch bei den Geistlichen sind die stimmlichen Ansprüche groß. Zunächst die quantitative Seite: während die Wochentage Bibelstunden, Konfirmandenunterricht und Sitzungen bringen, häufen sich an den Sonntagen die Amtshandlungen mit Gottesdiensten, Kasualien (Taufen, Trauungen, Beerdigungen) und Ansprachen bei Abendveranstaltungen von Vereinen. Kasualien gebieten auch die Teilnahme an der anschließenden häuslichen Feier mit einer Tischrede. Es kann vorkommen, daß ein Geistlicher beim Sonntags-Frühgottesdienst in einer überheizten Kirche, dann nach einem Fußmarsch zu einem Bergdorf im dortigen unheizbaren und zugigen Kirchlein zu amtieren hat, während er nachmittags im Schneematsch am Grabe steht. Alles Sprechen im Freien, wozu auch Waldgottesdienste gehören, bedeutet zusätzliche Belastung, zumal wenn die Stimme für Temperaturschwankungen und Witterungswechsel empfindlich ist. Der katholische Geistliche muß sehr früh, wenn die Stimme besonders schwer anspricht, in Weihrauchwolken die Messe lesen, ebenso kann stundenlanges Flüstern im Beichtstuhl anstrengen. In Indien hat die Stimme des Pastors sogar die schreienden Säuglinge zu übertönen.

Nun aber die qualitative Seite: das Wort Gottes, insbesondere die Predigt, soll eindrucksvoll mit würdig-sonorem Organ vorgetragen werden, ohne dabei in den „Kanzelton", ein falsches kirchliches Pathos, zu verfallen. Außerdem ist die Fähigkeit erwünscht, liturgische Altargesänge ausführen zu können. Diese liturgischen Rezitative sind aus natürlicher Modulation und dem Streben nach einer gehobenen kirchlichen Sprache entstanden. Die katholische Kirche kennt die feinsinnige Unterscheidung von Accentus und Concentus, im ersteren fällt auf mittlerer Tonhöhe je eine Wortsilbe mit einer Note zusammen unter Nachahmung des Tonfalles beim gewöhnlichen Sprechen, im letzteren überwiegt das musikalische Element mit selbständigen melodischen Gebilden (Verzierungen). Für den Vortrag dieses gregorianischen Chorales in lateinischer Sprache schult die katholische Kirche ihre studierenden Theologen systematisch, da der Vortrag auch zwischen Festtagen und gewöhnlichen Sonntagen (Festivaler und Ferialer Ton) unterscheidet.

Luther verdeutschte diesen Altargesang für seine Kirche und ergänzte ihn mit neuen liturgischen Formeln, wie sie in der lutherischen Landeskirche von Sachsen und Hannover bis heute gesungen werden. In der evangelischen Kirche ist das Schicksal des Altargesanges wechselvoll. 1822 erfolgte ein Versuch zu seiner Wiederaufnahme in der Agende der Hof- und Domkirche in Berlin, 1931 hat die Preußische Agende dem Altargesang neue Beachtung geschenkt und die Noten dazu veröffentlicht, freilich mit der Anheimgabe, die Worte zu singen oder zu sprechen. Der Gesangsvortrag soll nicht eintönig sein, aber auch nicht dramatisch werden, die Stimme sich nicht vordrängen. Der Geistliche muß fähig sein, rein zu intonieren, wenn Orgelbegleitung hinzutritt.

So werden für das kirchliche Amt „normale und gesunde" Stimmorgane als Mindestforderung verlangt. Aber wo findet man sie?

Langjährige Beobachtungen an Theologiestudierenden ergaben, daß in zahllosen Fällen die stimmlichen Voraussetzungen für den Beruf des Geistlichen fehlten: einerseits war die Stimme überhaupt nicht kräftig, vielmehr heiser und belegt, eine Viertelstunde oder gar Halbestunde lautes Lesen wurde nicht durchgehalten und zeigte Ermüdungserscheinungen, anderseits machte das Choralsingen im Hals Beschwerden mit Kratzen, weil auch schon das Singen im Schulchor nachteilig gewirkt hatte (z. B. in falscher Stimmlage). Katarrhe hatten bereits zu medizinischen Maßnahmen geführt bis zu operativen Eingriffen an den Stimmbändern. Und so fort. Diese Feststellungen an jungen Theologen zeigten bereits das Anfangsstadium eines späteren Stimmleidens, das zu dem allmählich berufshindernden sog. Predigerkatarrh vieler Geistlicher führt und durch die Entstehung eines solchen Fachausdruckes bewiesen wird.

Samuel Keller, Pastor in der Krim, verlor plötzlich seine Stimme fast ganz. Ein berühmter Wiener Professor operierte ihn Ende der 80er Jahre mit der Prognose: „Sehr starke Lungen und sehr eng gebaute Kehle. Am besten wäre es, Sie geben Ihren Beruf auf und werden Landwirt oder Schriftsteller. Sonst stehe ich für nichts. Bei der nächsten Erkältung und zugleich stimmlichen Überanstrengung kann der Schaden da sein und in wenigen Jahren sind Sie ein toter Mann". 1891 wurde er in die Lebensversicherung nicht aufgenommen, weil der Berliner Arzt diagnostizierte: „Kräftige Kehle, aber mit den Lungen sieht es trübe aus". Trotzdem hat er seitdem 27 Jahre als Evangelist in den größten Sälen Deutschlands mit ungeheurem Stimmaufwand über 6000mal gesprochen. Anfang 1914 mußte eine Vortragsreise wegen Erkältung und Überanstrengung der Stimme abgebrochen werden.

Superintendent Kirchenrat Rocholl war bei Predigten und Vorträgen auf Reisen in der Regel erkältet und gewöhnlich bei der Ankunft total heiser, so daß er ebenso unglücklich wie unverständlich auf der Kanzel stand.

Johannes Naumann, Bruder des Politikers Friedrich Naumann, hatte „seit einer schaurigen Novemberfahrt im offenen Wagen zu einer Nottaufe eine belegte Stimme. Die vielen Beerdigungsreden auf den zugigen Friedhöfen machten die Sache nicht besser. Als der Reiz stärker wurde, glaubte der Arzt an eine schwere Lungenerkrankung und verordnete Bettruhe. Doch fand der Spezialist nur einen verschleppten Katarrh und empfahl Aufenthalt in San Remo"(!)

Der Schweizer Theologe Leonhard Ragaz hatte im Zustand der Erschöpfung und Depression als Diskussionsredner auftreten müssen. „Aber da befiel mich ein Übel, an dem ich lange gelitten habe: eine nervöse Trockenheit des Mundes, die mir das Sprechen fast unmöglich machte, so daß mein Auftreten ein Versagen war". So mußte er sich bei einer späteren Diskussion aktive Teilnahme ganz versagen.

Nach diesen in Memoiren publizierten Beispielen stimmlicher Leidensgeschichten soll noch die eines unbekannten Geistlichen folgen: Pfarrer M. hatte als Baß im Schulchor und dann im Amt die Liturgie einige Jahre singen können, dann wurde es ihm ärztlich verboten zur Schonung der Sprechstimme(!). In anderthalb Jahrzehnten verschlechterte sich diese, besonders nach grippaler Erkältung mit Kehlkopfkatarrh. Obwohl die Spezialärzte laut Attest dringende Schonung der Stimme verordnet hatten, gelang es dank einer in mehreren Ferienkuren durchgeführten Übungsbehandlung, der durch Thüringer Dialekt sehr verflachten Stimme neue Kraft zu geben, so daß Pfarrer M. nun nach jahrelangem Brummen wieder Choräle und Liturgie singen, vor allem ohne besondere Anstrengung lauter reden konnte. Die bereits akut gewesene Pensionierung wegen des damaligen stimmlichen Versagens wurde dadurch um viele Jahre aufgeschoben.

So wird verständlich, daß Kanzelredner mit auffallend gutem Stimmorgan und der Fähigkeit, dieses auch zu meistern oder Schwächen nicht bemerkbar zu machen, zu den Ausnahmen zählen. Wie eine an sich ausdrucksvolle Stimme schon im Verlauf eines Gottesdienstes, allerdings mit ungewöhnlich langer Predigt, verausgabt und erschöpft sein kann, hat Karl Philipp Moritz in seinem genannten Roman von Pastor Paulmann in Braunschweig geschildert.

Ein Geistlicher kann gerade durch sein Stimmorgan nicht nur tiefgehende Wirkungen erzielen, sondern auch etwaige andere Mängel vergessen machen, freilich lassen sich fehlende Predigtgedanken nicht durch donnernde Stimme ersetzen.

8. Juristen — Ärzte — Militärs

Auch für den Juristen ist die Stimme berufswichtig, denn Gerichtsverhandlungen füllen viele Tagesstunden eines Anwaltes, Staatsanwaltes und Richters. Im Plädoyer finden längere Anklage- und Verteidigungsreden durch stimmliche Steigerung und Modulation wirkungsvolle Unterstützung. Wie es damit in der Praxis aussieht, zeigt ein Rundgang durch Gerichtsverhandlungen:

Ein Landgerichtsdirektor spricht mit auffallendem Kehlton, wodurch stimmliche Überanstrengung eintritt, die mit der Zeit stärker fühlbar und hörbar werden dürfte. Ein Beisitzer verliest die Protokolle der früheren Verhandlung in der Erstinstanz mit den Zeugenaussagen und Briefen des Angeklagten ohne jede stimmliche Nuancierung und Charakterisierung, dazu in überschnellem Tempo. Ein Staatsanwalt räuspert sich beim Reden ständig und hustet, sein Stimmorgan wird durch einen typischen Kehlkopfkatarrh behindert. Ein Anwalt ist etwas asthmatisch, was sich in einer schwachen Stimme äußert; er kann seine Verteidigung stimmlich gerade durchhalten, aber nicht steigern. Ein Amtsgerichtsrat hat näselnde Tongebung und spricht starken Dialekt.

Der nötige Stimmaufwand hängt von der Saalgröße ab, man muß seine Akustik kennen und erproben. In hohen und leeren Räumen ist mit Überakustik zu rechnen. Wenn die Zuhörer nichts verstehen, werden sie leichter unruhig und stören. Da in mindestens vier verschiedenen Richtungen gesprochen wird, je nachdem wer das Wort hat, ob Vorsitzender, Ankläger, Angeklagter, Verteidiger oder Zeuge, ergeben sich verschiedene Tonstärken. Auffallender Dialekt nimmt etwas von der Würde des Gerichts und der Überlegenheit der rechtsprechenden Persönlichkeiten.

In seiner „Gerichtlichen Redekunst“ weist Ortloff sehr richtig darauf hin, daß die Ausbildungsfähigkeit des Sprechorganes nicht viel geringer als die einer Singstimme ist und empfiehlt eine individuelle „Diätetik der Stimme“, von deren Nutzen für ihre Berufsausübung die Juristen leider noch wenig wissen; denn die Beschäftigung mit der Stimme, und zwar in erster Linie mit der eigenen, bietet dem Juristen nicht nur Möglichkeiten zu persönlicher Leistungssteigerung und Erfolgen, sondern gibt ihm neue Einblicke in die psychologische Persönlichkeitsstruktur und damit auch in die Kriminalistik.

* *
*

Wird ein A r z t ans Krankenbett gerufen, so kann schon ein angenehm ruhiger, gedämpfter Tonfall auf den Patienten therapeutisch günstig einwirken und die aufgeregten Angehörigen beruhigen, zugleich die eigene Ruhe und Sicherheit in schwierigen Situationen dokumentieren. Die gedämpfte Atmosphäre in Kliniken und Krankenhäusern, in der Farbtönung unterstrichen, läßt laute Stimmgebung nicht zu. Hierdurch hat sich eine Art ärztliche Berufsstimme entwickelt, die allerdings für Lehrzwecke weniger geeignet ist. Wir erinnern an den Fall L. oder an Virchows undeutliches Gemurmel, bei Plesch erwähnt.

Daß allein schon der ärztliche Stimmklang besser als Medizin wirken kann, erfuhr einmal ein Lebensmüder. „Ach bleiben Sie doch noch ein bißchen am Leben!" sagte der Arzt mit solcher Wärme und Innerlichkeit, daß der Patient nur von der Stimme umgestimmt wurde, die sich als bestes und zugleich billigstes ärztliches Mittel erwies.

Zwar nimmt der Arzt beim Abklopfen und Abhören, der Perkussion und Auskultation, Atemgeräusche und Schallwirkungen wahr, aber dazu müßte eine Gehörschulung kommen, um gewisse stimmliche Merkmale zur Diagnosestellung heranzuziehen. Schon Gustav Jaeger hatte herausgehört, daß bei jedem Kranken der Stimmklang in nachteiliger Weise verändert ist, er spricht von einer Vox cholerica und einer Vox syphilitica. „Der Crouphusten hat einen ganz anderen charakteristischen Klang als der Hustenklang des Schwindsüchtigen oder des Keuchhusten-Kranken". Da viele Ärzte musikalisch sind – man denke an Billroth, Schleich, das Orchester der Berliner Ärzte –, dürfte ihre Gehörsfähigkeit auch leicht zum Unterscheiden stimmphysiognomischer Charakteristika dienen als Ergänzung der Auswertung sichtbarer Wahrnehmungen durch Röntgenbilder, Kehlkopfspiegel, Reagenzien und der äußeren Inspektion des Körpers.

* * *

Der extreme Gegensatz zu der Stimme des Arztes ist die der Militärs. Wer schon als Knabe mit mächtigem Gebrüll Soldatenspiele geleitet hat, steht nun als Truppenführer mit durchdringend-martialischer Befehlsstimme vor seiner Mannschaft. „Die Donnerwetter wurden von den Unteroffizieren mit Stentorstimme geschnarrt und ertönten desto lauter, je näher die Offiziere standen" (Gutzkow). „Der Hauptfeldwebel schrie mich nieder" berichtet B. v. Heiseler von seinem ersten Appell 1944. Laute Stimme sollte Tüchtigkeit dokumentieren.

Da militärische Führung kühle Willensbestimmtheit braucht, die in geringer Sprachmelodie und harten Akzentuierungen adäquaten Ausdruck findet, galt diese für Militärs typische Stimmgebung als stimmlicher Schneid, durch Monokeltragen noch unterstützt, da das Einglas die Gesichtsmuskeln fixiert.

Durch jahrelanges Kommandieren in Staub, Wind und Wetter waren auf Kasernenhöfen und in Exerzierhallen sehr entstellte und nach der Höhe unnatürlich geschraubte Kommandostimmen zu hören, weil schon das Ankündigungskommando (z. B. „Die Abteilung hört auf mein Kommando!")

zu hoch gebracht wurde, so daß für das Ausführungskommando (z. B. „Abteilung kehrt!“) keine Steigerung mehr möglich war und dafür nur noch ein überschnappendes Kreischen erfolgen konnte.

Mit verzerrten und verkrampften Organen wird aber die für Militärs wichtige stimmliche Leistungsfähigkeit nicht erreicht.

9. Vertreter, Verkäufer — Schaffner usw.

Die eingehende Befragung von 30 reisenden Kaufleuten im Anschluß an einen aufklärenden Vortrag führte bei 17 zu einem positiven Befund, aus dem folgende typische Fälle mitgeteilt seien: Der Erste leidet an Heiserkeit durch den Besuch heißer Backstuben, wo sich seine geschäftlichen Verhandlungen abspielen. Hier herrscht größte Hitze, draußen aber vielleicht Kälte und Nässe: diese plötzlichen Unterschiede wirken sich am Kehlkopf aus. Zwei Brauereivertreter klagen über starke Verschleimung, zu dem der Bierkonsum während ihrer Besprechungen beiträgt. Der Vierte spricht für eine Firma die Reklametexte im Lautsprecherwagen, in dem 30 Grad Hitze herrschen, er ist stimmlich „immer fertig“. Ein Fünfter wird durch längere Verkaufsgespräche heiser, ein Sechster hat sich durch vieles Telefonieren in trockener Büroluft den Kehlkopf überanstrengt. Ein Siebenter bekommt bei beruflicher Aufregung ein trockenes Gefühl im Halse, ein Achter leidet auch stimmlich durch Kofferschleppen und Lokalbesuche. Ein Neunter wird durch Temperaturunterschiede heiser, auch durch Werbetätigkeit auf Ausstellungen. Ein Zehnter hat an Verhandlungstagen mit Jahresabschlüssen nervöse Heiserkeit und stechenden Halsschmerz.

Das sind einige besonders anschauliche Beispiele von Leistungsminderung und gesundheitlicher Schädigung durch stimmliches Versagen, abgesehen davon, daß solche ächzenden und krächzenden Organe keinen vorteilhaften Eindruck für Werbezwecke hervorrufen, keine Empfehlung sind. Anlässe waren vor allem Reisetätigkeit, klimatischer Wechsel, Aufenthalt in Lokalen und das berufliche Ergehen (Ärger, Aufregung).

Die psychotechnische Eignungsprüfung nach Moede berücksichtigt bei den Sprechproben von Verkaufsgesprächen Klangfarbe, Rhythmik, Deutlichkeit und Ausdrucksgehalt der Stimme neben anderen Faktoren; denn die Stimme des Verkaufspersonals muß Werbekraft haben, deshalb Sympathie und Wohlwollen erwecken. Schon bei der Begrüßung kann ein bestimmter Klang angenehm wirken und den Kontakt erleichtern. Dagegen würde eine aufdringliche und laute Stimme stören; denn der Kunde möchte nicht dritte Personen die Einzelheiten seines Kaufgespräches mitanhören lassen. Es gibt Kunden, sagt W. Suhr, die zu lautes ebenso wie zu leises Sprechen nervös macht, es gibt Kunden, die aus einer kalten Stimme auf einen gleichgültigen Verkäufer schließen. Ja, der Kunde reagiert darauf! Jaederholm fordert zur Steigerung des Verkaufserfolges Anpassung des Stimmtones an den Kunden: mehr Wärme bei mißtrauischen Kunden, ein leichterer, hellerer Ton bei freundlichen Käufern.

Aber auch die Art der Branche muß berücksichtigt werden: In Geschäften mit Wäsche, Kleidern, Anzügen, Stoffen, Pelzen, Teppichen u. dgl. herrscht meist ein ruhiger, vornehmer Ton. Ganz anders dagegen in Lebensmittelgeschäften: hier geht es laut zu, Maschinen und Büchsengeklapper lärmen, schon die Art des Fußbodens (Fliesen) und der Wände (Kacheln) gibt eine helle Überakustik, und da heißt es, namentlich wenn Publikumsandrang herrscht, sich durchzusetzen. Bei diesen quantitativen Ansprüchen wird naturgemäß auf qualitative Stimmleistungen weniger Wert gelegt.

Ein Sonderfall ist das Verkaufsgespräch auf dem Schuhhocker: Die Verkäuferinnen sitzen dabei sehr niedrig, zusammengehockt und über die Füße des Kunden vorgebeugt, der selbst höher sitzt. Dadurch werden Atem- und Sprechentfaltung stark gehemmt, wie zahlreiche Proben gezeigt haben. Übereinstimmend empfanden die Verkäuferinnen bei Vergleichsversuchen, daß sie stehend viel besser atmen und sprechen können als auf dem Schuhhocker sitzend. Die sich hieraus ergebenden Konsequenzen sollten allen im Schuhverkauf Tätigen bekannt werden.

Weil man mit dem Stimmklang auf andere Menschen einwirken kann, ist in Amerika nicht nur Stimmbildungsunterricht für Verkäufer schon längst eingeführt, sondern es werden auch in dortigen Warenhäusern Verkäuferinnen nicht mehr nach dem Aussehen, sondern nur nach dem Klang der Stimme engagiert. Die Bewerberinnen müssen unsichtbar für die Prüfer, Fragen ausführlich beantworten, dabei entscheiden Klang und Modulationsfähigkeit allein für Einstellung oder Ablehnung.

Die Beschäftigung mit der eigenen Stimme befähigt auch zu schärferer Beobachtung des stimmlichen Verhaltens der Kaufinteressenten; durch praktische Anwendung der Lehren der Stimmpsychologie gewinnt die Käuferbehandlung an Sicherheit.

Wieweit auch in diesem Beruf stimmliche Mängel stören können, sollen zwei Beispiele illustrieren:

Die Verkäuferin N. hatte bis zum 30. Lebensjahr noch gut singen können, jetzt fiel ihr das Sprechen schwer. Ihr Arbeitsplatz befand sich an zugigster Stelle neben der Eingangstür. Von den Kunden wurde sie auf ihren schlechten Stimmzustand oft angesprochen. Nach mehr als 15jährigen Beschwerden mußten Stimmbandpolypen operativ entfernt werden. Eine spätere Stimmkur gab ihr eine freiere, kräftigere und reinere Sprechstimme, die trotz des dysphonischen Klanges nicht mehr so anstrengte und beim Verkaufsgespräch einen besseren Eindruck machte.

Filialleiter O. wirkte auf fremde Besucher durch 20- bis 25jährige Verschleimung, Räuspern, Hüsteln und heiseres Sprechen fast wie ein Lungentuberkulöser, obwohl er weit davon entfernt war. Die an sich gesunden Stimmbänder sprachen auf eine Stimmkur an, kräftigten sich, und das Sekret löste sich leichter.

Die ambulanten Gewerbetreibenden und Neuheitenverkäufer auf Wochenmärkten und Vergnügungsplätzen müssen im Freien mit größtem und gröbstem Stimmaufwand die Aufmerksamkeit der Laufkundschaft auf ihre Waren lenken. Das Wort „marktschreierisch“ ist dafür charakteristisch und hat einen schlechten Sinn. Kann man doch hier hören und studieren, wie Stimmorgane rücksichtslos und unzweckmäßig malträtiert und bis zum Geräusch entstellt werden. Solches Gemisch von Schreierei und Gekreisch ist aber als Werbemittel höchst ungeeignet.

Zeitungshändler leiden stimmlich u. a. unter den Witterungsunbilden. Außerdem drücken die schweren Taschen beim Laufen und Ausrufen aufs Zwerchfell, wodurch richtige Tiefatmung behindert und statt dessen eine oberflächliche Atmung zur Gewohnheit wird. Die Öffentlichkeit ahnt auch in dieser Berufssparte nichts von den Stimmopfern, die das für den propagandistischen Zweck wichtige Ausrufen mit sich bringt. Der Stimmaufwand kann aber erleichtert und die Schallentfaltung vergrößert werden durch eine halbgesungene Art, wie sie bei den Zeitungshändlern in den romanischen Ländern und bei unseren Händlern mit Blumenerde üblich ist. Vor hundert Jahren hat Louis Köhler die Ausrufe auf dem Markt von Königsberg in Noten wiedergegeben.

* * *

Auch die Schaffner und Zugaufsichtsbeamten verdienen in stimmlicher Hinsicht unsere Beachtung. Da sie ihre Tätigkeit ständig abwechselnd im Wagen, im Freien oder, bei der Eisenbahn, im Dienstraum (oft überheizt!) ausüben, ist die Stimme Temperaturunterschieden, Einwirkung von Staub, Nässe und Bodenfeuchtigkeit ausgesetzt, was von sehr ungünstiger Wirkung sein kann. Bei diesen ganz ungeschulten Organen hören wir häufig eine unnatürliche Sprechweise, halsige, nasale oder gaumige Tongebung, was zu Überanstrengung und Reizung der Kehle führt. Es ließe sich aber in der ermüdenden Monotonie ihrer Ausrufe und Dienstbefehle (Fahrtauftrag) eine Erleichterung verschaffen, wenn bei jedem die günstigste und wirkungsvollste Art des Ausrufens festgestellt und gezeigt würde, und wie könnte die Eintönigkeit durch Abwechslung belebt werden! Richtige und falsche Stimmbeispiele im Verkehrsbetrieb auf Schallplatten aufzunehmen, um den Unterschied zu demonstrieren, wäre eine instruktive Aufgabe. Hier müßte eine Verkehrsgesellschaft den Anfang dazu machen.

Es ist eine irrige Auffassung, daß bei dem akustischen Durcheinander des Straßenlärms die Art der Stimmgebung im Werbewesen oder Dienstbetrieb belanglos wäre. Im Gegenteil: zu den Bemühungen um Verschönerung des Straßen- und Landschaftsbildes müßte eine wenigstens einigermaßen melodische Stimmtönung an Stelle klanglicher Verschandelung hinzukommen. Zum gepflegten Eindruck einer Gaststätte gehört auch, akustische Angriffe durch übermäßigen Stimmaufwand umherlaufender Verkäufer zu vermeiden, Musikvorträge oder Radiosendungen nicht durch aufdringliche Werbung an Lautstärke zu übertönen.

Schließlich werden noch mehrere Gruppen Berufstätiger durch spezifische Begleiterscheinungen ihrer Arbeit stimmlich betroffen:

Zunächst die in Betriebslärm Arbeitenden. Bei Großlärm bis zu 100 Phon ist eine Verständigung der Ingenieure und Arbeiter nur durch Schreien möglich, wodurch eine übermäßige Beanspruchung der Stimme nötig wird. Da hierbei das Gefühl für normale Tonstärke verloren geht, durch Gehörsschädigungen mit bedingt, wird auch außerhalb der Lärmquellen stets zu laut gesprochen.

Die in starker Hitze beschäftigten Heizer und Köche sind zu Kehlkopfkatarrhen disponiert; dieser entzündliche Zustand greift auf die Stimmbänder über und macht die Stimme dysphonisch. Im Gaststättengewerbe sind außerdem die Annonceusen davon betroffen: An der Speisenausgabe tätig, zwischen Küchenhitze und äußerer Zugluft stehend, sagen sie die Bestellungen laut an.

Chemische Stoffe (Lösungsmittel) haben eine unangenehm reizende Wirkung und führen zu Rachenkatarrhen. Bei Anlegung von Schutzmasken können Hustenreiz und Heiserkeit vermieden werden. Staubwirkung durch Luftverunreinigung reizt die Schleimhäute, wie das klinische Bild der Staublunge (Silikose) zeigt.

Nach F. Röpke können in 135 Berufsarten Katarrhe der oberen Luftwege Heiserkeit bis zur Stimmlosigkeit hervorrufen.

10. Grundsätzliches zur Berufsstimme

Wenn junge Menschen einen sog. redenden Beruf ergreifen, haben sie gewöhnlich weder Kenntnis von ihrem eigenen stimmlichen Zustand noch eine Ahnung von den Anforderungen ihres späteren Berufes, in dem sie ein Leben lang mit der Stimme durchhalten müssen, wobei diese mehr als ein Handwerkszeug, mehr als nur ein Verständigungsmittel ist, nämlich Suggestionskraft ausstrahlen, eine gefühlsübertragende Wirkung ausüben und für den Inhalt der Rede empfänglich machen soll. Die Befähigung zu geistigen Leistungen in Form von Unterricht, Vorlesungen, Predigten oder Plädoyers bedeutet keineswegs auch den Besitz eines Stimmorganes, das diese Gedanken der Öffentlichkeit wirkungsvoll übermittelt.

Soweit es sich um Studierende an Universitäten und Hochschulen handelt, werden sie vielleicht eine Vorlesung über Stimmphysiologie und Übungen in Sprechtechnik besuchen. Hier findet man Studierende, die Begabung, Freude und Interesse dafür mitbringen, während gerade die vielen stimmlich Unbegabten und Bedürftigen fehlen; für sie geschieht nichts. Sie gehen geradezu leichtfertig in ihren Beruf, einen redenden Beruf hinein, und niemand hindert sie daran, auch wenn das Organ zum Reden fehlt oder ungeeignet ist.

Wohin das führt, haben die mitgeteilten Fälle deutlich genug gezeigt: schon nach wenigen Berufsjahren treten Zeichen von funktionellen Stimmstörungen auf, die sich in gelegentlichen Erscheinungen wie Ermüdung, Heiserkeit und Druck im Hals äußern. Hand in Hand mit dem allmählichen stimmlichen Versagen geht eine Anfälligkeit dieser Organe für Erkältungen und Halsentzündungen, Luftröhrenkatarrh und Bronchitis

(Frühjahr und Herbst). Die stimmliche Unsicherheit bringt neurotische Störungen mit sich, die dann als „Nervosität" gelten. So kommt es oft nach mehreren Dienstjahren schon zu wahren Katastrophen.

In diesem Zustand wird der Halsarzt aufgesucht, dessen Diagnose Klarheit schaffen kann, welcher Art das Leiden ist: in günstigen Fällen dürfte der Befund beruhigend wirken, in schweren Fällen klinische Maßnahmen (Operation) rechtzeitig veranlassen. Die fachärztliche Inspektion des erkrankten Kehlkopfes zeigt Rötungen, Schwellungen, Entzündungen, Geschwülste, die mit medizinischen Mitteln zum Abklingen gebracht werden. Dieser pathologische Zustand ist aber meist nur das Symptom für überanstrengte, weil malträtierte Stimmen. Nach Beseitigung der Symptome bleibt das Wesentlichste, die Erschlaffung durch Überanstrengung, weiter bestehen, solange nicht die bisherigen falschen Stimmfunktionen in richtige umgewandelt werden. Was aber bei der Stimme richtig und was falsch ist, hört der Pädagoge mit seinem geschulten Ohr, sein Gehörseindruck ergänzt den ärztlichen Befund, den der Kehlkopfspiegel vermittelt.

Deshalb haben Schonungs- und Schweigeverordnungen — eine Hilfsmaßnahme während des akut entzündlichen Prozesses — keine Änderung im falschen Stimmgebrauch bringen können, höchstens dazu geführt, daß sich der Patient kaum noch zu flüstern getraute.

Deshalb haben klimatische Kuren und Luftveränderung nur eine günstige Augenblickswirkung — nämlich während der Ruhezeit — bieten können, ohne einen Rückfall nach Wiederaufnahme der Berufsarbeit zu verhindern.

Deshalb haben Atem- und Sprechübungen die erhoffte Besserung nicht bringen können, denn die Sprechwerkzeuge waren ja intakt, weder krank noch schwach, aber die Verbindung von Aussprache und Klang war durch falschen Stimmgebrauch gestört oder gehemmt. Statt einer notwendigen klanglichen Korrektur wurde nur eine übertriebene Deutlichkeit ohne Beeinflussung der Stimme geübt. Viele Stimmpatienten haben nach eigenen Studien das Unnatürliche solcher Methodik empfunden.

Bei diesen Behandlungsarten wurde übersehen, daß Stimme immer nur durch Stimme gebessert werden kann, indem durch ihre Kräftigung und Reinigung das Fundament zu einer neuen, gesunden Stimme gelegt wird.

Grundsätzlich ist für die Angehörigen redender Berufe zu fordern:

1. Diagnose des stimmlichen Zustandes schon während der Studienzeit, mindestens bei Beginn der Berufstätigkeit,
2. Aufklärung über allgemeine stimmhygienische Maßnahmen mit Vorführung typischer Fälle aus der betr. Berufsgruppe als Anschauungsmaterial,
3. Stimmschulung zur Besserung oder Gesundung des vorhandenen Zustandes und als Prophylaktikum für später zu erwartende Stimmschädigungen.

Dabei muß unbedingt eine Herabsetzung der auf angeborener Schwäche oder klimatischen und Witterungs-Einwirkungen beruhenden Anfälligkeit und eine klangliche Steigerung durch Beseitigung der von Natur vorhandenen Ansatzfehler sowie störender Beiklänge erreicht und der richtige Sitz der Stimme gefunden werden.

Schon bei der Berufsberatung sollten die für redende Berufe ungeeigneten Bewerber abgewiesen und gewarnt werden, wenn das Stimmorgan einer Prüfung nicht standhält und mit Schwierigkeiten im Laufe der Berufsarbeit zu rechnen ist; denn die Stimme muß für eine Dauerleistung ohne Schädigung „betriebssicher" sein.

Das gehört ebenso zur Arbeitshygiene wie zur Volksgesundheit.

III. Die Stimme in der Kunst

11. Entwicklung der Gesangskunst

Um die heutigen stimmlichen Anforderungen in der Gesangs- und Sprechkunst zu verstehen, wenden wir uns zunächst der Antike zu. Die unsterblichen Meisterwerke der griechischen und römischen Tragödien wie Komödien verlangten große stimmliche Leistungen. Es war zugleich die Blütezeit der Rhetorik, deren Anweisungen auch der künstlerischen Behandlung der Stimme galten.

Dabei kam den Griechen der Wohllaut ihrer Sprache sehr zustatten und fand auch bei den Dichtern weitgehende Berücksichtigung. Ganze Zeilen der Tragödien enthielten nur Ausrufe des Schmerzes und der Wehklage wie oioi, aiai, io, oa. Der Erfolg eines Dramas hing wesentlich von der Stimmtechnik der Schauspieler ab.

Infolge der riesigen Dimensionen der antiken Theater, die eine körperliche Vergrößerung des Schauspielers durch den Kothurn, einen hohen hölzernen Untersatz, erforderten, bedingten diese Freilichtbühnen gleichzeitig auch eine stimmliche Proportionierung, sozusagen ein überlebensgroßes Format. Die verbreitete Ansicht, daß die Masken der Schauspieler schallverstärkend gewirkt hätten, hat Dingeldein widerlegt. Da Frauen im Theater nicht auftreten durften, verlangte man Frauendarsteller mit entsprechender Veranlagung als stimmlichen Ersatz.

Zu den Solisten kam der Chor, auf der Orchestra agierend: in der Tragödie 12 bis 15, in der Komödie 24 Choreuten. Nicht nur die Chöre, auch viele Teile der Schauspielerrollen wurden einstimmig oder in Oktaven gesungen. Drei Vortragsarten sind zu unterscheiden:

1. Deklamation, in der Tragödie langsamer als in der Komödie,
2. Gesang mit stark improvisatorischen Elementen (Verzierungen und Melodievariationen),
3. eine Mischform: Unterbrechung des Gesanges durch reines Sprechen bei musikalischer Begleitung, also ein melodramatischer Vortrag.

Da die griechische Musik unsere Mehrstimmigkeit und Harmonik noch nicht kannte und ihrem Wesen nach Vokalmusik war, konnte sich die Melodie der Sprache und ihrem Rhythmus ganz anschmiegen.

Auch die etwas nüchternere lateinische Sprache ist zu Ausbrüchen tiefen Gefühls fähig. In der römischen Tragödie wechselten anfangs gesprochene Szenen mit Gesangspartien, den Cantica; diese wurden dann vom Cantor (Sänger) übernommen. Bei den Bühnenkünstlern, besonders den Tragöden, erwartete das römische Publikum musterhaft geschulte Stimmen bei vollkommener Reinheit. Roscius, der berühmteste Schauspieler, verfügte über eine mächtige und wohltönende Stimme. Die Phonasken beherrschten als die eigentlichen Stimmkünstler alle Tonlagen und die methodische Stimmschulung.

Im Mimus, der dramatischen Volkspoesie, herrschte Humor und Realistik. Hier wirkten Frauen mit, Miminnen, die mit ihren schönen Stimmen wahre Teufelsmelodien sangen und damit sogar verführerisch gewirkt haben sollen. Gegenüber dem einheitlichen Kunstwillen der Griechen zeigten die Römer Sinn für das hervortretende Talent des einzelnen Virtuosen.

Antike Vortragsart hat sich bis heute in der Griechischen Kirche am reinsten erhalten, wie überhaupt Liturgie eine der Hauptwurzeln der späteren Gesangsentwicklung gewesen ist.

Das christliche Mittelalter stellte die stimmliche Kunst in den Dienst der Kirche. Durch das Verbot der Mitwirkung von Frauenstimmen im Kirchengesang (Mulier tacet in ecclesia) wurden diese von Knabenstimmen übernommen, die von Fistulanten (Falsettisten) Verstärkung und Führung erhielten. Im Mittelalter herrschte die Chormusik, entsprechend dem Gemeinschaftsgedanken in Familie, Gemeinde, Gilde oder Bruderschaft; aber der mehrstimmige Gesang, unfrei und gebunden wie die starren Gesten der Bildwerke, erging sich noch in steifen Parallelen von Oktaven und Quinten (Organum). Ebenso wirkte der Kontrapunkt (punctus contra punctum, Note gegen Note) hemmend auf die stimmliche Entfaltung, die nur dem Solisten Möglichkeit in der Verzierungskunst (Diminution) bot. In der vokalen Polyphonie traten vier selbständige, individuelle Stimmgattungen auf: Sopran, Alt, Tenor und Baß. Zur Macht und Pracht des Papsttums gehörte die Sängerkapelle; hier wurden alle Mittel späterer Gesangskunst ausgeprägt.

Im geistlichen Drama (Mysterienspiele) übernahmen jüngere Geistliche die Frauenrollen. Zu den gesungenen lateinischen Bibeltexten kamen gereimte Verse in deutscher Landessprache hinzu. In den Passionsspielen sind die einzelnen Personen (Jesus, Maria) noch ohne stimmliche Charakterisierung und Individualisierung. Zur praktischen Unterstützung des theoretischen Unterrichts dienten die Schulkomödien (Schuldramen) mit Chorgesängen.

Die mittelalterlichen Bühnenanweisungen in den kirchlichen Spielen (Weihnachtsspiele usw.) waren dürftig, das Schreien, auf biblische Andeutung zurückgreifend, wurde bevorzugt. Das Volksdrama des Hans Sachs in Nürnberg hat die Bühne vom Marktplatz in den geschlossenen Raum (Kirche) verlegt. Damit war die Möglichkeit gegeben, das Menschliche mehr zum Ausdruck zu bringen und Stimmschattierungen anzuwenden.

Das Streben nach Befreiung des Individuums führte in der Musik zum begleiteten Sologesang mit wirklichen solistischen Gesangsaufgaben. Dieser Bestrebung hat der Gesangslehrer und Komponist Caccini um 1600 zum Siege verholfen. Der neue Stil verband edlen Gesangston mit ausdrucksvoller Sprache und neuen stimmtechnischen Mitteln (Anschwellen des Toness Triller). Die Gattung der Oper entstand, getragen von der, klangvollen und vokalreichen italienischen Sprache. Eine Blütezeit der Gesangskunst ging von Florenz aus, wo das Zusammenwirken von Komponist und Sänger, häufig in Personalunion, ideal war. So erhielt der Interpret auch immer mehr Selbständigkeit für eigene Zutaten, die gründlich ausgenützt wurde. Ein Zeitalter der Gesangsvirtuosität brach an.

Diese Epoche des Bel canto wurde charakterisiert durch die einzigartige und eigenartige Gesangskunst der Kastraten. Da der Ersatz von Sängerinnen durch Knaben oder fistulierende Männer allmählich als eine Unmöglichkeit empfunden wurde, nahm die Besetzung durch Kastraten überhand, später auch in den Rollen der männlichen Helden. Durch operative Entfernung der Keimdrüsen bei stimmbegabten und musikalischen Knaben vor der Pubertät blieb der Kehlkopf knabenhaft, während Brust, Lunge und Atemorgane die Ausmaße eines Erwachsenen annahmen, sogar noch übertrafen, da die sonst bei Erwachsenen allmähliche Verknöcherung der Skelettmuskulatur wie der Kehlkopfknorpel eine Verzögerung erfuhr. Aus dieser Divergenz ergab sich die Fähigkeit, mit einem Minimalverbrauch an Atemluft eine ungewöhnliche Tondauer (bis zu 50 sec), Kehlfertigkeit und Schwellfähigkeit zu verbinden, wie sie normalen Stimmgattungen nicht möglich ist. Die Stimmlage der Kastraten war ein Mittelding von Knaben- und Frauenstimme, der Klangcharakter aber ein ganz eigener, rührend-engelhafter. Um ihre stimmlichen Mittel zu den verblüffendsten Kunststücken auszunützen, ließen sie sich von den Komponisten in einer Opernpartie Arien in Sopran- und Altlage schreiben. Die Kastratenstimme entsprach dem altitalienischen Klangideal des reinen überpersönlichen, neutralen Tones (nicht Mann nicht Weib). Für den Italiener, der eine besondere Vorliebe für die hohe Stimmlage besitzt, ist mit dieser der Begriff des Heroentums verbunden.

Durch ihre Zulassung zur päpstlichen Kapelle erhielten die Kastraten ihre höchste moralische und künstlerische Sanktion; die Darbietungen der Sixtina galten schlechthin als etwas Vollendetes und Einmaliges. Hier waren die letzten Kastraten noch Ostern 1914 tätig, darunter Prof. Alessandro Moreschi, dessen Äußeres eine hochgewölbte Sängerbrust und weiblich-weichliche Gesichtszüge aufweist. Die Vorführung seiner Stimme auf Schallplatten, 1904 mit noch unvollkommenen technischen Mitteln aufgenommen, bildet für Zuhörer immer eine kleine künstlerische Sensation, für den Fachmann aber eine höchst lehrreiche Instruktion; denn die Spitzenleistungen der altitalienischen Gesangskunst bestanden in den technischen Fähigkeiten und dem Eigenklang der Kastratenstimmen.

Die Italiener schätzten am meisten die Soprankastraten, sie mochten weder in der Kirche noch im Theater Bassisten, selten Altisten hören und ließen einen Tenor nur zu Nebenrollen zu. Die Bassisten fanden allmählich ihr Hauptfeld in der komischen Oper, wo sie schon durch ihre Stimmlage erheiternd wirkten. Erst im Laufe des 18. Jahrhunderts gewannen die Tenöre, die man früher als Väter, Wüteriche und Intriganten verwendete, als Liebhaber gegenüber den Kastraten Boden.

Als die deutschen Komponisten seit Gluck Geist und Sinne der Hörer mehr für sich und ihr Werk in Anspruch nahmen, waren die Kastraten den neuen dramatischen Aufgaben nicht mehr gewachsen, sie blieben bei der alten Schablone. Mit der Vollendung von Mozarts Lebenswerk hörte ihre Existenzberechtigung am Theater auf. Die deutsche Oper konnte sich mit dem gedankenlosen Schönsingen nicht begnügen; läßt sich doch virtuoser Ziergesang mit wahrhaft innerlichem Ausdruck kaum vereinigen. Es ist deshalb ebenso abwegig wie unhistorisch, seit dem Ende der Kastratenepoche von einem Verfall der Gesangskunst zu sprechen.

Als Rückgrat der Oper hatte sich die Folge von Rezitativ und Arie herausgebildet. Das Rezitativ schränkt den Gebrauch der Singstimme zugunsten stilisierter Rede ein. Der Sänger muß stimmlich einen der gesprochenen Rede möglichst entsprechenden Ausdruck finden, er darf durch die Begleitung nicht gehemmt werden, die deshalb meist einem einzigen Instrument (Cembalo) anvertraut ist, während das Orchester schweigt. In der Arie überwog das musikalische Element: hier dominierte die Koloratur mit rein gesanglichen Mitteln ohne Unterstützung, ja auf Kosten des Wortes. In der dreiteiligen da-capo-Arie erwartete das Publikum bei der Wiederholung des ersten Teiles immer neue Proben der Improvisationskunst der Sänger im Verzieren der Melodie.

Die Opera seria, die ernste Oper, erhob an Stelle des gleichmäßigen Aushaltens längerer Töne den Schwellton zum klanglichen Ideal. Das artete schließlich in Verzerrungen der Vokale, in Schluchzer und Stöße aus. In der Opera buffa, die auf Kastraten verzichtete, herrschte das heitere Element: die Koloratur wurde mit großen Intervallsprüngen parodiert, Dialekte wurden nachgeahmt, überhaupt allerhand stimmlicher Unsinn getrieben, z. B. durch ein altes, Tenor singendes Weib. Die Buffooper verlangte flüssige Sprache, das sog. Parlando.

Eine ganz andere Entwicklung und völlig verschiedene Anschauungen treffen wir in Frankreich. Hier beruhte der Gesang auf wirkungsvoller Deklamation nach dem Vorbild großer Schauspieler; war doch die französische Sprache höchst geeignet für deklamatorischen Gesang, also den Gegensatz zum Koloraturgesang. So kam Rousseau zum Melodrama, einer Zwittergattung infolge Verbindung von Sprechstimme mit Musikbegleitung. In den damaligen französischen Opern überrascht die Einfachheit der Gesangsmelodie, die aber aus dem Munde des gestaltenden Künstlers höheres Leben erhält. In Frankreich benutzten die hohen Tenöre eine Mischung von Brustregister und Falsett, die Voix mixte, eine noch heute übliche Gesangsart in der hohen Tenorlage. Der Tenor Duprez, dem diese Fähigkeit fehlte, führte das hohe C mit Bruststimme zu singen ein.

Bei der Vorherrschaft der italienischen Gesangskunst und der Vorliebe der Deutschen, Ausländisches zu importieren und nachzuahmen, konnte unser Vaterland zunächst nichts Gleichwertiges bieten. Hier wurde vom Sänger ein dramatischer, charakteristischer Ton mit scharfer Ausprägung des Wortes verlangt. Der Konsonantenreichtum der deutschen Sprache bereitete Schwierigkeiten. War der Sänger in Italien nur ein Instrument, so gewann er bei den Deutschen als Persönlichkeit, wie es deutsche Art und Gründlichkeit erforderte.

Joh. Seb. Bach verlangt zwar die instrumentalste Stimme, aber niemals um der Technik willen. Mozart hatte noch in Italien stimmgerecht und gesangsmäßig zu schreiben gelernt, doch für gefühlswarme und geistig beseelte Stimmen deutscher Sänger. Die Literatur Bachs und Mozarts ist ein gefürchteter Prüfstein für den Vokalisten geblieben. Neben Mozart verdanken wir Schubert den neuen deutschen Gesangsstil, der in der klassisch gewordenen Liedform mit einem vollkommenen Ebenmaß zwischen Dichtung und Musik, zwischen Singstimme und Begleitung seine Melodien aus der Stimmung des Gedichtes heraus komponierte. Beethoven ging an die Grenzen des Stimmumfanges, aber nicht aus Unerfahrenheit oder Taubheit, sondern weil sein Genius ihn einengende Schranken überschreiten ließ.

Die Gesangskunst erlebte noch einmal einen Rückschlag durch Rossinis Bravour der Verzierungen, einer Neuauflage kastratenhafter Kunststücke. Als Reaktion begründete Richard Wagner den dramatischen deutschen Gesangsstil. Ihm ist die Verschmelzung der ariosen Gesangsmelodie mit der natürlichen

Deklamation gelungen. Seine Musikdramen stellen namentlich in den Schlußakten ganz neue und große physische Anforderungen, denen die damaligen Sänger nur selten gewachsen waren. Dies ist nicht Schuld des Meisters, sondern die Folge mangelhafter Sängerausbildung, die ganz einseitig nach italienischen, nun überholten Prinzipien betrieben wurde. Wer einigermaßen zu singen versteht, muß zugeben: Wagner singt sich herrlich. An Stelle des bisher unmännlichen und weichlichen Tenorsängers setzte Wagner den Heldentenor, der über das hohe A nur ganz selten hinausgeht und alles mit reinem Brustton singt. Das Fach des Heldenbaritons, schon von Weber und Marschner vorgezeichnet, gewann ebenfalls an Bedeutung. Die hochdramatische Sängerin vereinigte die ganze Skala von Sopran bis Alt in sich.

Den rezitativischen Gesangsstil übertrug Hugo Wolf auf das Lied. Gegenüber der Schubertschen Melodie deklamiert hier die Singstimme gemäß der unerhörten inneren Spannung auf kleinsten Intervallen (Chromatik), die wie gestaute Seufzer, gepreßte Schmerzlichkeit wirken, ja oft einen einzigen Ton wiederholen.

Während im konservativen Italien noch das ariose Element vorherrschte (Verdi, Giordano, Puccini), wurde in Deutschland die Behandlung der Singstimme immer naturalistischer, d. h. sprechähnlicher. Diese Entwicklung nahm ihren Ausgang bei Richard Strauß, der die Gesangsstimmen mit orchestralen Klangmassen beschwerte, die aber seit der „Ariadne“ einer durchsichtigeren Instrumentation wichen. Ein letzter Vertreter des Sopran singenden Liebhabers ist der Octavian im „Rosenkavalier“. Strauß glaubte die gesanglichen Schwierigkeiten durch bessere Sprachtechnik (Ausprägung der Konsonanten) und Abschwächung der Tongebung seitens der Sänger beheben zu können. Das ist freilich nur ein Ausweg, da das Problem der Verbindung von Wort und Ton damit nicht gelöst wird. Seine eigenen Verstöße gegen die Sanglichkeit hat er erst spät erkannt und im Vorwort zur Komödie „Intermezzo“ eingestanden.

Von historischer Bedeutung ist das kühne Wagnis einer Oper in Prosa, Janáčeks Oper aus dem mährischen Bauernleben „Jenufa“. Wie er die Sprechmelodie gegen die konventionell-musikalische Phrase gesetzt hat, erzählt er selbst ausführlich, wovon für uns wichtig ist: „Ich lauschte heimlich den Reden der Vorübergehenden und fühlte mich in die Melodie des gesprochenen Wortes ein. Wie vielen Variationen des Sprechmotivs eines und desselben Wortes bin ich da begegnet! Hier leuchtete es und war biegsam, dort war es hart und stechend. Die Melodie des gesprochenen Wortes ist aber nur das Material, von dem der Komponist ausgeht, aus dem er seine melodischen und rhythmischen Formen herausstilisiert. Das Studium der Sprachmelodie ist aber nur eine Vorstufe der Kunst. Die Kompositionslehre wird um ein neues Kapitel bereichert werden müssen, der junge Opernkomponist sich auch mit dem Skizzieren von Wortmelodien vertraut machen. Natürlich kann das fleißigste Naturstudium den genialen Einfall nicht ersetzen."

Seitdem ist in der Gesangskunst viel gesündigt worden. Der Sänger wurde zum Stiefkind, der Gesang kam ins Schlepptau der Instrumentalmusik. Neben viel unfruchtbaren Experimenten mit der Singstimme stehen auch gelungene Bemühungen zur Rückgewinnung des Gesanglichen. Die Gegnerschaft der modernen Musik gegenüber dürfte teilweise in deren naturwidrigen Verwendung der menschlichen Stimme begründet sein. So wird auch die Tatsache begreiflich, daß sich namhafte Sänger der leichten Muse zuwenden, weil die mit opernhaften Mitteln gesteigerte Operette dankbare und sangbare Aufgaben bietet, und daß manche Dichter einer Vertonung ihrer Gedichte direkt abgeneigt sind.

Man fragt sich überhaupt, ob es nicht besser wäre, an Stelle einer durch die Vertonung verkrampften und unnatürlichen Gesangssprache lieber den Text sprechen zu lassen, dazu eine musikalische Untermalung und Umrahmung zu geben, also formal ein Mittelding zwischen Melodrama und Schauspiel mit Musik zu bieten; denn noch heute und gerade heute gilt das Beaumarchais zugeschriebene Wort: „Was zu dumm ist, um gesprochen zu werden, das wird gesungen."

Die Unsanglichkeit ist namentlich damit zu erklären, daß den Komponisten das vokale Element weniger vertraut ist als das instrumentale, weil jeder zunächst vom Instrument, meistens dem Klavier, herkommt. Deshalb schreiben sie für Stimmen ungünstig, überschreiten den Stimmumfang, verlangen schwierige Intonationen, muten Sängerinnen Violinpassagen zu oder Bassisten den harmonischen Grundbaß statt eines wort- und sinngemäßen Gesanges. In jeder Oper gibt es dadurch Stellen, die auch bei der besten Aufführung untergehen, weil sie für die Singstimmen dynamisch ungünstig liegen oder vom Orchester zugedeckt werden.

In 99 von 100 Fällen ist es Schuld des Komponisten, wenn der Text nicht verstanden wird, bekennt Arthur Honegger, der sich einen Text, den er vertonen soll, vom Verfasser vorlesen läßt, oder, wenn dieser schlecht liest, sich vorzustellen versucht, wie ein guter Schauspieler ihn sprechen und wie er die Hauptakzente setzen würde.

Die Vervollkommnung in der Bauart der Musikinstrumente hat ihre klanglichen Möglichkeiten erweitert, während die menschliche Stimme immer die gleiche blieb; diese Grenzen muß man aber respektieren! Hierzu gehören: Rücksichtnahme in der Textbehandlung, also keine Verstöße gegen die korrekte Deklamation, keine Melodie auf Kosten des Textes oder gegen diesen, keine falschen Betonungen oder Überbetonungen kurzer Worte oder Endsilben, Rücksichtnahme auf die Atemführung, wie sie den Bläsern gegenüber selbstverständlich ist, damit eine melodische Linie nicht zerrissen wird, Kenntnis der inneren Dynamik der Stimmgattungen, d. h. ihrer schwachen Stellen und günstigen Lagen, namentlich an den Nahtstellen der Register, sängermäßige Einführung der hohen Lage und ihre psychologisch sinngemäße Anwendung, richtiges Verhältnis von Gesang und Begleitung, die nicht zudecken darf, durchsichtige Instrumentation, kurzum eine wirkliche Vertrautheit mit den vokalen Erfordernissen. Die Aneignung dieser Kenntnisse muß den Komponisten bereits während ihrer Studienzeit ermöglicht werden, die Durchführung fordert nur geringen Zeitaufwand. Dabei wäre eine Kenntnis der eigenen Stimme und ihre stimmbildnerische Förderung dringend anzuraten, sie gäbe überhaupt erst die Grundlage zum Verständnis der Gesangsaufgaben.

Dann kann es nicht so werden, wie bei der Vorführung eines Musikdramas durch den Komponisten am Flügel, die Ernst von Wolzogen in seinem humoristischen Musikantenroman „Der Kraft-Mayr" glossiert: „Peter Gais sang so entsetzlich, wie es überhaupt nur ein deutscher Komponist fertig bringt. Er hatte keine Spur von Stimme. Doch gewöhnte man sich an die Schönheitsmängel dieser Vortragsunkunst. Nach einer längeren Weile ging ihm freilich die Stimme ganz aus, und da begann er zu pfeifen. Das war jedenfalls angenehmer anzuhören als sein dämonischer Gesang."

Theoretisch wurde die Forderung Janáčeks bereits erfüllt (s. Biehle: Stimmkunst 2. Band), damit die bisher von den Komponisten infolge ihrer Vernachlässigung der Stimmgesetze gemachten Fehler vermieden — wofür schon viel Lehrgeld gezahlt werden mußte — und manche Mißstände im Gesangswesen zukünftig gebessert werden können.

Solange den Sängern seitens der Komponisten, auch von schlechten Übersetzern der Operntexte, früher nicht gekannte Schwierigkeiten bereitet werden, ist damit zu rechnen, daß naturhaft gebliebene und ungenügend geschulte Stimmen diesen Aufgaben nicht gerecht werden, ohne selbst Schaden zu nehmen.

Allgemein wird beklagt, daß die Dirigenten das Orchester nicht abzudämpfen verstehen, so daß der Sänger zugedeckt wird. Gilt das kapellmeisterliche Interesse vorwiegend dem musikalisch-instrumentalen Teil? Wer ein Opernwerk so genau kennt wie Dirigent und Regisseur, setzt fälschlicherweise voraus, daß auch vom Publikum Wort und Sinn verstanden werden. Und wie viele Kapellmeister — so fragt Hermann Matzke, der Begründer der Musiktechnologie — „wissen im allgemeinen von den akustisch-physiologischen Gesetzen der Stimme und der Stimmbildung (selbst mancher Chormeister gehört hierher)?"

War es früher eine besondere Freude, bedeutende Stimmen oder einen berühmten Sänger im festlichen Rahmen innerhalb eines musikalischen Kunstwerkes zu hören, so muß heute die rapide Entwertung des Wortes Gesang durch alltäglichen — in Filmen meistens überflüssigen — Vortrag von Schlagern verstimmen, wobei ein oft nur belegtes Sprechen als Gesang angekündigt und bezeichnet wird, während ein Fachausdruck wie etwa „Musikrezitation" zutreffender wäre.

12. Sänger

In den erfolgreichen Sängern lernen wir die Erwachsenen mit dem tonnenförmigen Brustkasten kennen, der uns beim Säugling aufgefallen war. Sie haben von Kindheit an diese uns allen gegebene körperliche Formung behalten und noch entwickelt, was sich an ihrer Körperform und Haltung erkennen läßt.

Das Verdienst, die Physiognomie des Sängers studiert und auf rein äußere Anlagen zur Stimmentfaltung durch Gegenüberstellung von Bildmaterial erstmalig hingewiesen zu haben, gebührt Josefine Richter von Innfeld, der Mutter des Dirigenten Hans Richter, in ihrer Gesangsschule 1872.

Der Sängertyp ist gekennzeichnet durch kurzen runden Hals, starken Nacken und ausgeprägte Kinnpartie; der Kopf sitzt auf einem hochgewölbten Brustkasten. Bei einem solchen Sänger lassen sich die starken Halsmuskeln direkt unter der Haut fühlen im Gegensatz zu dem sog. Speckhals eines verfetteten Nichtsängers. Für die Physiognomik, die aus der äußeren Gestalt eines Menschen Schlüsse auf seine Wesensart zieht, gibt somit der Sängertyp ausgesprochene Merkmale, die noch zu wenig beachtet wurden.

Der äußeren Haltung einer wahren Kraftgestalt entspricht die innere Beschaffenheit: Stimm- und Lungenkräfte sind Produkte einer ursprünglichen und noch gesteigerten Naturanlage. Laut einer Umfrage Thausings bei bedeutenden Sängern haben diese während der Mutation weitergesungen, ja teilweise konnten sie sich an eine solche überhaupt nicht erinnern. Hier ist die Stimmfähigkeit der Knabenzeit durch den Stimmwechsel weder aufgehalten noch behindert, sondern — nun mit Männerstimme — fortgesetzt worden; es besteht somit ein direkter Weg vom Säuglingsschrei zum hohen C. Liegt doch der erste Schrei des Menschen in dieser Tonhöhe.

Während die Entwicklung des Berufssängers von Kindheit an über die Mutation glatt hinweg ohne Störungen und Hemmungen in gerader Linie geht, kommt der Nicht-Berufssänger (Dilettant) im günstigsten Falle ein Stück Wegs mit bis zu einer sängerähnlichen Stimme, die übrigen aber erreichen kaum einen stimmlichen Durchschnitt oder erleiden schon frühzeitig mit der Mutation durch Entwicklungshemmung eine Stimmstörung, wie es folgende Übersicht veranschaulichen soll:

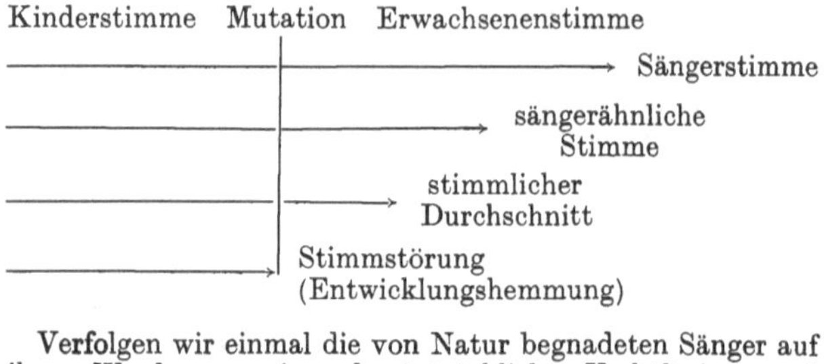

Verfolgen wir einmal die von Natur begnadeten Sänger auf ihrem Werdegang, wie er den tatsächlichen Verhältnissen und nicht laienhaften Vorstellungen entspricht:

Weil die Berufssänger schon mit ihrer Naturstimme infolge günstiger Anlagen mit Liedern und Arien aufgefallen waren, wurden sie von einem Gesangslehrer oder Mäzen „entdeckt". Deshalb beschränkte sich in solchen Fällen die Ausbildung, wie wir aus den Biographien vieler bedeutender

Sänger wissen, hauptsächlich auf Korrepetition, d. h. auf die musikalische Seite des Singens und den Vortrag nebst Kultivierung der bereits vorhandenen Stimmanlagen, zumal die Sänger oft von Musik wenig verstehen, manche kaum Klavier spielen können. Das auffallendste Merkmal solcher Stimmen — gegenüber schnell erlahmenden Dilettantenstimmchen — ist die unerschöpfliche Kraft, die aber nicht abgebaut, sondern erhalten und durchgebildet werden muß. Viele Gesangsaspiranten singen deshalb entgegen den einschränkenden Vorschriften ihrer Lehrer außerhalb der Unterrichtsstunden ungeniert und ungehemmt darauf los, wenn der Unterricht solchen geradezu unverwüstlichen Gesangsanlagen nicht gerecht wird.

Um Sängerstimmen zutreffend zu beurteilen, muß man sie möglichst auch im Studierzimmer hören, wo sich oft Mängel und Fehler zeigen, die im großen Raum und vom Orchester verdeckt, überhört werden. Es gibt auch Stimmen, die im Musikzimmer riesig wirken, während ihre Schallkraft auf der Bühne erheblich vermindert ist.

Vielfach machen Sänger Karriere auf Grund einer hervorragenden Eigenschaft, einem süßen Pianoton, glanzvoller Tenorhöhe oder abgrundtiefer Baßlage auf Kosten anderer notwendiger Klangingredienzen, deren Fehlen einen empfindlichen Mangel bildet und sich nicht vertuschen läßt. Erfolge bei Publikum und Presse wie auch hohe Gagen dürfen nicht unkritisch machen. Ein beliebter Name bietet keineswegs eine Garantie, daß der Gesang einwandfrei ist.

Angesichts des Personenkultus seitens des Publikums sei an die Mahnung des Kammersängers in Wedekinds gleichnamigem Stück erinnert: „Versuchen Sie doch, sich für die Oper zu interessieren, statt für die Männer, die auf der Bühne stehen! Sehen Sie in mir keinen berühmten Sänger, sondern das unwürdige Werkzeug in der Hand eines erhabenen Meisters!"

Das Theatersingen stellt große Ansprüche an die Leistungsfähigkeit, zumal Staub und Zugluft auf der Bühne, aber auch berufliche Aufregungen die Stimme ungünstig beeinflussen. Läßt diese mit den Jahren nach, wird das Singen unsicher, die Spannkräfte erschlaffen allmählich, die hohen Töne versagen, Indispositionen verlangen Absagen. Nun fängt das Laborieren an: alle möglichen Lehrer und unmöglichen Mittel werden durchprobiert, wie es von vielen Sängern bekannt ist. So berichtet Stuckenschmidt, daß „in Italien zwischen 1945 und 1951 schon 20 bis 30 hoffnungsvolle Sänger nach kurz aufflammendem Ruhm verbraucht und abserviert worden sind.

Nach zwei Jahren Schnellkurs im Bel canto rächt sich die Natur, schärft die Diskante, rauht die Tiefen auf: die Stimmen sind nach ein paar Jahren abgenutzt".

Die Sängerin P. war in Wien und Berlin erfolgreich und beliebt gewesen, bis ihr das Opernsingen infolge kehliger Höhe und flacher Mittellage schwerer wurde. Mit Operetten und Schlagern konnte sie jedoch noch jahrelang bestehen. Dann erst unterzog sie sich einer zweijährigen, intensiven Stimmbildungsarbeit, wodurch ein chronischer Katarrh gelöst wurde, der den Stimmverfall verschärft hatte. Gegenüber früherer Kurzatmigkeit (nicht mit Asthma zu verwechseln) wurde der Atem länger und die Sicherheit im Singen wieder gewonnen, gesangtechnische Schwierigkeiten konnten erleichtert werden. Diese Sängerin hatte auch ausländische Lehrer konsultiert, die, ohne ausreichendes Empfinden für den deutschen Kunststil und vorwiegend auf die sinnliche Tonschönheit bedacht, die katarrhalische Fessel der Stimme nicht gehört, geschweige denn gelöst hatten.

In anderen Fällen muß die Stimmgattung oder das Fach gewechselt werden, statt lyrischem Tenor nun Tenorbuffo oder gar Übergang zum Schauspiel, was früher sehr häufig war. Aber das Theater ist unbarmherzig: abgesungene und verbrauchte Stimmen erhalten keine neuen Vertragsabschlüsse. Da heißt es dann „versungen und vertan", und das zu einem Zeitpunkt, um die Vierzig, wenn die künstlerische Persönlichkeit erst voll ausgeprägt ist.

Wieder hat sich ein Sängerschicksal, viel zu früh, erfüllt.

13. Entwicklung der Sprechkunst (Schauspiel)

Unser Gang durch die Geschichte der Stimmkunst führt nun zum Drama Shakespeares, das zum ersten Mal seit der Antike stimmdramatische Aufgaben bot. Damit hat jene gesangliche Reform Caccinis eine fast gleichzeitige Parallele im Schauspiel erfahren: Erhielt im Sologesang das Wort eine ganz neue Bedeutung, so herrscht im Drama Shakespeares die Musik der Sprache. Die scharfe Charakterisierung verlangte nun Stimmfarbe und musikalischen Klang.

Sonst sah es mit den stimmlichen Anforderungen und Leistungen im Schauspiel noch dürftig aus. Alles war auf starke Lautgebung bis zum Schreien eingestellt. Ehe sich Schauspielerinnen durchsetzten, konnten Darsteller mit hellklingender Stimme in Frauenrollen berühmt werden. Die französische Tragödie forderte singenden Vortrag, der jedoch durch Schreie und plötzliches Sinkenlassen der Stimme im nächstfolgenden Satz entstellt wurde. Bis zur Mitte des 18. Jahrhunderts waren trotz guten Willens die Übertreibungen in Sprache und Stil sowie die singende Deklamationsmanier nicht auszurotten, zu der auch das Versmaß der abgezirkelten Alexandriner beitrug.

Klopstocks Wortkunstwerke und Lessings dramaturgisches Schaffen sind hier der Wendepunkt. Noch war eine natürliche Sprechweise auf der Bühne zwar nicht erreicht, aber wenigstens ein Übergangsstadium mit singender Eintönigkeit und gespreizter Ausdrucksweise (z. B. Mooord, Trääänen) gefunden. Die Neuberin gab zuerst den Ton der tragischen Deklamation an. Ekhof legte seine ganze Charakterisierungskunst in die Abtönung des gesprochenen Wortes.

Als Goethe und Schiller sich dem Schauspiel zuwandten, fehlte eine stimmliche Schule, ein Vorbild, noch gänzlich. Das Weimarer Streben nach Ebenmaß und Gemessenheit ergab keine lebendige, sondern eine idealisierte Natur. Goethe, der selbst eine Baßstimme hatte, wünschte dialektfreies, tiefes Sprechen mit sonorem Klang. Schiller, der stark schwäbischen Dialekt sprach, erprobte die dramatische Wirkung des Chores in der Tragödie (Braut von Messina). Mehr Natürlichkeit und Lebenswahrheit zeigten die Hamburger Schauspieler.

Kleist, der eine klanglich möglichst festgelegte Gesetzmäßigkeit im gesprochenen Wort ersehnte, strebte nach musikalischen Wirkungen durch sprechende Volksmassen (Robert Guiskard). Grillparzer hat beim Schreiben sicher vieles mitgesprochen; in seinen späteren Dramen berauschte er sich am Klang des gesprochenen Wortes. So wurde in der Romantik die Freude am sinnlichen Wohllaut bestimmend. Schauspieler mit schönem Stimmorgan beuteten diesen Vorteil aus. Es entstanden auch Betonungen ohne sinnvolle Berechtigung, nur aus klanglicher Spielerei.

Gegen das Virtuosentum und den pathetischen „Hoftheaterton" des 19. Jahrhunderts übte der Naturalismus zwar eine gewisse heilsame Reaktion aus, brachte aber die Sprache des täglichen Lebens, auch in ordinärer Form, auf die Bühne. Nur so ist es zu erklären, daß Schauspieler mit ungenügendem Stimmorgan und nachlässiger Sprachbehandlung zu höchsten Stellungen gelangen konnten. Mit solchen, rauhen, heiseren und unmelodischen Stimmen wurde eine wahre Stimmästhetik des Häßlichen gepflegt. Die Befürchtung, in das Pathos früherer „Schausprecher" zu geraten, führte zu einer Periode des sachlichen Tones, in der die Schauspieler schönen Stimmklang absichtlich vermieden.

Auch die Verwendung des Sprechchores kann dilettantisch und problematisch sein, wenn er nicht nach fast musikalischen Gesetzen geleitet und abgestuft wird, wie es Max Reinhardt tat, der die Sprechchöre sozusagen in eine Partitur brachte.

Seit langem ist das Fehlen einer Methode zur Fixierung der Sprachtöne bedauert worden, also eine in Noten geschriebene Vorlage. Die Dichter hätten dann die Möglichkeit, genaue Angaben für die Wiedergabe zu machen, die Schauspieler könnten sich nach diesen Angaben richten, die Willkür wäre dadurch ausgeschlossen.

Eine diesbezügliche Erfahrung hatte Fontane machen müssen, als die beiden gefeierten Vorleser Louis Schneider und Rhetor Schramm das von ihnen aus Fontanes Werken zum Vortragen Beabsichtigte seinem Urteil unterbreiteten: „Beide lasen gleich schlecht, weil nach demselben falschen Prinzip, das in dem altehrwürdigen Gegensatz von Gebrüll und Gewisper wurzelte. Dabei kam es vor, daß Schneider eine ganz zweifellose Wisperstelle geradezu donnerte. Junge Dichter begehen gewöhnlich den Fehler, dergleichen korrigieren zu wollen, was bloß verschnupft. Darauf hab' ich mich aber nie eingelassen, weil ich schon damals eine ziemlich richtige Vorstellung von dem hatte, was ‚Publikum' bedeutet".

Rilke wünschte Grammophonplatten mit Gedichten, die der Dichter selbst besprechen soll. Würden die Dichter in ihren Sprechkunstwerken, wie die Komponisten in ihren Musikwerken, Einzelheiten des Vortrages angeben, so könnte die Interpretation ihren Intentionen wesentlich leichter entsprechen.

14. Schauspieler

Obwohl die Stimme das Hauptmittel des Schauspielers ist, mit dem er sogar andere Mängel, z. B. körperlicher Art, vergessen machen kann wie der berühmte Ekhof, verlassen sich die meisten auf ihre Naturanlage. Wie großartig eine solche sein kann, zeigte Matkowskys Titanenstimme.

Stimmbesitz verpflichtet. Ungenügend sind deshalb äußerliche Sprechübungen von einigen Monaten bei gleichzeitig beginnendem Vortragsstudium mit einer noch nicht gebildeten Stimme, so daß im Höchstfall ein bis zwei Jahre studiert wird. Jedes Handwerk verlangt eine längere Lehrzeit. Als Resultat hören wir stimmlichen Naturalismus und die Sprache der All täglichkeit auf der Bühne, im Drama hohles Pathos. Hinzu kommen technische Mängel: das „Charakterisieren" strengt an, dafür wird manches markiert, ein wirklicher Schrei, ein richtiger Orkan im Organ, längeres Sprechen in hoher Tonlage ist nicht möglich, vor allem fehlt Farbe des Tones und Klang, außerdem ein Mangel an Gehör für die Musik der Sprache.

Ferdinand Bonn, der ein musikalisches Ohr besaß und oft in Theaterstücken selbst geigte, der durch „falsche Noten oder Tonarten der Mitspieler sehr gestört" wurde, gibt uns einen Bericht, den man „Stimmliche Irren und Wirren" überschreiben möchte: „Mein Lehrer Possart hatte mir u. a. gesagt, daß ich mein Organ stärker machen müsse. Mir schwebte Demosthenes vor, der die Meeresbrandung überbrüllte und Steine in den Mund nahm. Darum schrie ich den ganzen Winter in einem Gartenhaus solange, bis mein wohlklingender Bariton zerbrochen war. Da mir Possarts Tenorlage im Ohr klang, sprach ich jahrelang alles viel zu hoch, bis mich später einmal Hermann Gura darauf hinwies. Beständige Stimmbandlähmungen und Beschwerden waren die Folgen dieses Irrtums, die mir bis in die reifen Jahre zu schaffen machten. Es gelang mir, das mißhandelte Organ so weit herzustellen, daß es nicht „aus wurde".

Wie schnell es zu einem Verlust der Stimme kommen kann, zeigen die Erfahrungen mit dem Schauspieler Q.: Sein Riesenorgan machte ihn für den jugendlichen Helden prädestiniert. Nachdem er sich in einer bekannten Brüllrolle überschrieen hatte, kam es zu einer vierteljährigen Stimmlosigkeit, dann wurden stimmliche Ausbrüche nicht mehr möglich, jede Anstrengung wirkte schädlich. Durch Stimmbildungsarbeit gelang es, die Empfindlichkeit der Kehle zu beheben und die ursprünglichen Kehlkräfte wieder zu wecken.

Häufig ist beklagt worden, daß Filmschauspieler auf der Bühne ihre Stimmen „abdrosseln". Tatsächlich verhält es sich wohl umgekehrt: die im Tonfilm ausreichenden Stimmen können für die Sprechbühne überhaupt zu schwach sein, da die Apparatur (Lichttonverfahren) ermöglicht, eine schwache Stimme so zu verstärken, daß eine Täuschung gegenüber der Wirklichkeit eintritt, wie wir ja auch den Leisesprecher zum Lautsprecher machen. Die technischen Fortschritte haben unser Gehör verfeinert: während wir im Stummfilm den schönen Mund einer Diva bewunderten, sind wir heute vielleicht enttäuscht, wenn im Tonfilm aus diesem gleichen Munde Sprache und Gesang tönt.

Die neue Aufgabe des Synchronisierens für den Tonfilm verlangt eine mit der gefilmten Person (z. B. einem Franzosen oder einer Amerikanerin) übereinstimmende deutsche Persönlichkeit und Stimme, eine den Filmvorgängen gleiche Gemütslage; dazu kommt die sprechtechnische Seite: Tonfall, Mundstellungen und Pausen müssen in deutscher Sprache mit der fremden haarscharf übereinstimmen, die handelnde Person mit einer „geborgten" Stimme genau getroffen sein.

Theater- und Filmfachleute, Kritiker und Publikum sind in Stimmbelangen leider oft ohne zutreffendes Urteil. Um Wort und Ton des Schauspielers zu beeinflussen, müßten die Regisseure selbst ein einwandfreies Vorbild geben. So wünschte Tieck, daß der Regisseur die Partitur des Schauspiels mit seiner Stimme vorspielen könne.

Ein Theaterleiter wird zur Hebung der stimmlichen Verhältnisse an seiner Bühne wesentlich beitragen, wenn er sich der Mitarbeit eines beratenden Stimmfachmannes bedient, der aber auch tatsächlich Einfluß auf die Stimmen des Institutes, Engagements und Besetzungsfragen ausüben müßte. Das Gleiche gilt für die Filmgesellschaften.

Die Ausführungen auch dieses Kapitels haben die Notwendigkeit rechtzeitiger richtiger Stimmbildung gezeigt. Bei den Künstlern handelt es sich darum, nicht die gegebenen Naturanlagen zu verwirtschaften, sondern diese in einen für die Kunsterfordernisse reifen Zustand umzuwandeln. Unerläßlich ist die Kontrolle, ob Ansatzfehler bestehen oder sich verschlimmern. Somit bedürfen die Stimmen ständiger Überwachung und Betreuung durch einen Sachverständigen, dessen Tätigkeit teilweise der eines Hausarztes vergleichbar ist.

15. Grundsätzliches zur Stimmästhetik

In der Gesangskunst steht die Forderung nach schönem Stimmklang obenan, deshalb auch das Fachwort Bel canto. Aber Schönheitsbegriffe sind ungenau, auch variabel im Wandel der Zeiten und bei den einzelnen Völkern. Hinzu kommt, daß der schöne Ton in sehr vielen Fällen mit einem Ansatzfehler gepaart ist. Hier liegt der schwerwiegendste Punkt: ein schönes Timbre, das die Zuhörer begeistert und bezaubert, von unkritischen Ohren als Ergebnis besonderer Schulung bewertet, kann einen Ansatzfehler verdecken und überlagern, dem aber für Entwicklung und Fortbestand der Stimme entscheidende Bedeutung zukommt. Deshalb muß die Stimmästhetik mit exakteren Begriffen operieren.

Drei Grundeigenschaften, nämlich Reinheit, Ruhe und Rundung, bilden die Voraussetzungen zum echten Ton, einen Begriff, den Armin eingeführt hat.

Unter Reinheit des Tones ist die absolute Intonationsreinheit zu verstehen, die sich mit der sog. Pedalprobe am Flügel exakt demonstrieren und kontrollieren läßt. Wenn die Intonationsreinheit fehlt, darf dieses Manko nicht mit mangelnder Musikalität identifiziert werden; denn es handelt sich beim habituellen Unreinsingen sozusagen um einen Konstruktionsfehler im Bau des Stimmkörpers, nicht um musikalisches Versagen. Es gibt Beispiele für ständiges Zutief- oder auch Zuhochsingen, was für die mitwirkenden Musiker zur Qual wird. Hiervon zu unterscheiden ist mangelnde Musikalität (Gehör) bei gut gebauter Kehle.

Die Ruhe des Tones ist gegeben durch eine physikalische Eigenschaft, seine rhythmische Gliederung: erfolgt die Schwebung der Tonwelle in Berg und Tal etwa 5,4mal pro Sekunde, so hat der Gesangton eine ebenmäßige Form, die seinen Wohllaut bildet. Liegt die Zahl unter 5 pro sec, wird der Ton träge und schleppend, liegt er über 6 pro sec, so entsteht eine Art Meckern, ein Tremolo. Diese Zahlen fand Thausing mit bloßem Ohr, ohne apparative Hilfe. Eine Vermessung berühmter Stimmen wie der Carusos mit dem amerikanischen Spektrometer ergab nach „Visible Speech" eine Vibratofrequenz von 6,3 Hz. (Mitteilung von F. Winckel).

Mit Rundung des Tones ist die Rundung des Vokales gemeint: eine nicht spitze oder flache, sondern runde Form des Vokales, was als behelfsmäßiger Fachausdruck zu verstehen ist. Der runde Vokal kann auf einigen günstigen Vokalen und Tönen vorhanden sein, auf anderen fehlen. Durch Überbildung vom offenen zum geschlossenen Vokal und umgekehrt läßt sich der Unterschied einem Vokalisten hörbar und begreiflich machen. Nur der runde Vokal ermöglicht die plastische Aussprache, und zwar in jeder Sprache, gleich, ob in italienischer, in deutscher oder in einer anderen. Wenn es auch den „Text an der Kasse" zu kaufen gibt, so kann der Opernbesucher erwarten, daß er ohne vorherige Kenntnis oder Mitlesen des Wortlautes alles versteht. Der runde Vokal ermöglicht dies, weil der frei fließende Tonstrom auch die tonhemmenden Konsonanten klingend macht, so daß damit das Dilemma „Ton oder Wort?" von selbst beseitigt wird.

Die Stimmgattungen werden durch die ihnen spezifischen Ansatzfehler charakterisiert: für den Sopran kann ein kehliger Ton sowie ein scharfer Klang, namentlich in der Höhe, unangenehm und schädlich werden, die Altstimme neigt zum gaumigen Klang, die Tenorstimme ist durch starken Kehlton (Knödel) sowie forcierte oder gedeckte Höhe gefährdet, der Baß darf nicht in hohles Singen verfallen. Am günstigsten liegen die Mittelstimmen (Mezzo und Bariton), aber bei ihnen wird dafür Ebenmäßigkeit und Ausgeglichenheit in hohem Maße verlangt.

Die genannten Ansatzfehler verhindern einen offenen, quellenden Ton und die Automatik der Kehle. Als wichtigstes Kriterium gilt die hohe Lage der Stimme, d. h. die hohen Töne müssen alle Vorzüge der Mittellage organisch weiterführen und bei vollkommener Mühelosigkeit noch steigern.

Die gleichen ästhetischen Forderungen gelten für die Sprechkunst. Auch beim Schauspieler ist die Stimmlage mitbestimmend für das Fach. Es werden bei den Sprechstimmen ebenfalls hohe und tiefe Frauenstimmen, hohe und tiefe Männerstimmen unterschieden und, wie bei den Singstimmen, können die gleichen spezifischen Ansatzfehler beobachtet und beseitigt werden. Auch beim Schauspieler ist die hohe Stimmlage ein wesentlicher Prüfstein, nämlich die Fähigkeit, ganze Sätze auf hohe Töne zu legen, ohne in Schreien zu verfallen und sich anzustrengen.

Ein weiteres Attribut der Stimmtechnik des Schauspielers ist die Modulationsfähigkeit und die Kunst des Charakterisierens, d. h. das Klangprodukt zu variieren. Nur ein zum edlen, musikalischen Ton geschultes Sprechorgan kann ohne Schaden bei voller Natürlichkeit auf naturalistisches Kreischen oder Schreien umgeschaltet werden. Gerade das Verstellen der Stimme – denken wir z. B. an den betrunkenen Totengräber im „Hamlet" – gelingt erst künstlerisch, wenn ein durchgebildeter Grundton für die verschiedensten ihn entstellenden Modulationen vorhanden ist. Komische Wirkungen werden noch nicht durch heiseres Fistulieren erzielt.

Es ist wohl das tiefste Geheimnis der Sprechkunst, daß die Sprache einen musikalischen Klang annimmt, der jedoch nicht in „Singen" verfällt. Schon die Antike betonte dieses musikalische Element in der durch Sprachgewalt erhöhten Rede. Allerdings fehlt die dem instrumentalen Vibrato ähnliche Schwebung des Gesangstones im Sprechton, deshalb kann Sprechen niemals die Gesangssprache fördern, wohl aber ist das Umgekehrte der Fall.

Es wurden hier nur die stimmästhetischen Grundfragen behandelt; denn alle weiteren Erfordernisse ergeben sich hieraus zwanglos.

IV. Die Stimme in Forschung und Pädagogik

16. Entwicklung der Stimmphysiologie und Methodik

Im klassischen Altertum haben Ärzte und Heilgymnasten bereits die Wichtigkeit der Innenmassage durch bestimmte Phonations-Übungen (sehr starke Rufe, Seufzer, Lachen) sowie durch eine Methode der Atemstauung erkannt und diese therapeutisch eingeführt zur Kräftigung der Atemorgane und Herausbeförderung des Schleimes. Diese empirisch gewonnenen Erfahrungen an Athleten und Gymnasten zur Erzielung von Höchstleistungen bei den Olympischen Spielen, aber auch an Rednern und Schauspielern, blieben bis um 1900 unbeachtet.

Im 2. Jahrhundert n. Chr. wurde von Galen die Wissenschaft des Kehlkopfes durch eine Beschreibung desselben begründet. Den Stimmbändern, d. h. dem bei ihrer Öffnung gebildeten Spalt, gab er den Namen Glottis. Mehr als ein Jahrtausend lang sind nach Galen keine neuen Fortschritte zu verzeichnen. Erst im 16. Jahrhundert haben Anatomen wie Vesalius in Padua Abbildungen (Holzschnitte) des Kehlkopfes mit neuen Theorien über die Stimmerzeugung gebracht. Die Pädagogik der damaligen Kunstepoche mit ihrem mehrstimmigen Gesang bestand in allgemein-musikalischen Bemühungen um einen schönen Gesangston.

Im 17. und 18. Jahrhundert haben drei Forscher Bedeutung für unser Fachgebiet erlangt: erstens der berühmte Pater Mersenne, der den Schlüssel für die physikalische Erklärung der Stimmerzeugung in einer Parallele mit der Zungenpfeife fand, zweitens Morgagni durch seine Entdeckung der oberen „falschen“ Stimmbänder, über den unteren „wahren“ Stimmbändern liegend, deren Zwischenraum heute Morgagnische Tasche heißt, und drittens der Pariser Akademieprofessor Ferrein, der experimentelle Stimmphysiologie trieb, und dabei das Gesetz vibrierender Saiten auf die Stimmbänder übertrug.

Wir befinden uns damit in jener bereits geschilderten Epoche des Bel canto mit seinem Kastratengesang. Diese Kastraten waren aber zugleich auch die gesuchtesten Gesangslehrer, von ihnen und ihren Schülern, darunter auch Nichtkastraten, stammen die Lehrbücher der altitalienischen Gesangsmethode.

Was den Kastraten, diesen großen Wunderkindern mit ihrem Mißverhältnis von knabenhaftem Kehlkopf und gewaltigem Körper auszuführen spielend möglich war, wurde auch auf die männlichen und weiblichen Stimmgattungen übertragen. Die Kastratenmethode gipfelte in der einseitigen Bevorzugung des Vokales A als Hauptübung, gesungen mit lächelnder Mundstellung. Was hier in jahrelangen, unvorstellbar harten Exerzitien geübt wurde, war eigentlich nur Musikunterricht für Stimm-Instrumente. Wie ein Pianist oder Geiger hatte der Sänger Tonleitern, Intervalle, Triller und Kadenzen zu üben; denn es kam vorwiegend auf die Kehlfertigkeit an.

Diese Methode wurde natürlich bald ins Deutsche übertragen, wobei sich herausstellte, daß die italienischen Übungen keine genügende Schulung für deutschen Textgesang bieten konnten. Die Altfranzosen hatten die Sprachbehandlung in den Vordergrund gestellt, aber die 1795 erschienene Gesangsschule des Pariser Konservatoriums, der damals berühmtesten Musikschule der Welt, war den Lehrprinzipien des Kastratengesanges verfallen.

Eine solche Kastratengesangsmethode, damals für ganz spezielle Aufgaben und einmalige Abnormitäten zugeschnitten, auf unsere heutigen Gesangsverhältnisse und Kunsterfordernisse anzuwenden, hat keinen Sinn und keine Berechtigung mehr. Diese altitalienische Gesangsmethode, die Überlieferung der einstigen Kastratenkünste, richtig zu beurteilen und historisch zu würdigen, ist aber Aufgabe jedes Fachmannes.

Während die Gesangsmethodik nichts Neues brachte, sollte ein Fortschritt von ganz anderer Seite kommen, nachdem der Berliner Professor Johannes Müller die Stimmphysiologie begründet hatte. Hierzu muß bemerkt werden, daß die Ergebnisse an Leichenkehlköpfen wie auch mit Tierexperimenten nicht ohne weiteres auch auf die Verhältnisse beim Lebenden und vor allem nicht beim singenden Künstler übertragen werden dürfen.

Auch fehlte noch die Möglichkeit, die Funktionen der Stimme am lebenden Menschen zu beobachten. Nach einigen Vorversuchen seitens verschiedener Forscher gelang dies dem Gesangslehrer Manuel Garcia mit Hilfe eines zahnärztlichen Spiegels; seine Entdeckung des Kehlkopfspiegels (Laryngoskop) brachte ihm die Ernennung zum medizinischen Ehrendoktor der Universität Königsberg.

Die laryngoskopische Inspektion offenbarte nun die Schwingungsweise der Stimmbänder und die Entstehung des Stimmtones im gesunden und kranken Zustande. Durch Czermak wurde der Kehlkopfspiegel in klinischen Gebrauch mit Verwendung des künstlichen Lichtes und eines Reflektors hierzu genommen. Damit war eine neue Epoche für die Erforschung der Stimme angebrochen, die sich ebenso in der medizinischen Praxis wie in der Pädagogik auswirkte, freilich nun auch eine Gefahr mit sich brachte, indem die freie Beobachtung mit dem Gehör durch die Wahrnehmungen mit dem Auge verdrängt wurde. Wir haben dadurch Jahrzehnte der Überschätzung des Kehlkopfspiegels erlebt, weil man so weit ging, aus dem laryngoskopischen Befund Schlüsse auf die Qualität und Tonlage einer Stimme zu ziehen.

Seit der Mitte des 19. Jahrhunderts verdienen hauptsächlich folgende Vertreter der Stimmpädagogik genannt zu werden:

Chr. G. Nehrlich, ein studierter Theologe, dessen Lehre schwülstig war wie der Titel seines 1841 erschienenen Werkes „Die Gesangskunst oder die Geheimnisse der großen italienischen und deutschen Gesangsmeister vom physiologisch-psychologischen, ästhetischen und pädagogischen Standpunkte aus". Nehrlich wollte unter Bezugnahme auf die Ergebnisse der Wissenschaft den hellen Ton auf dem italienischen A kultivieren, dem er eine „Wunderwirkung" zusprach. Ein solches flaches, fast ordinäres A kann man auch heute noch häufig bei italienischen Sängern hören (z. B. Tamagno-Platten). So ist Nehrlich auch nicht durchgedrungen, obwohl sogar Kaiser Friedrich III. zu seinen Schülern gehörte.

Friedrich Schmitt wurde mit seiner „Großen Gesangschule für Deutschland" 1854 zum Antipoden Nehrlichs. Hatte dieser den Tonansatz als etwas Gegebenes hingenommen, so sah Schmitt hierin das ganze Geheimnis der Stimmbildungskunst, das er ohne physiologische Hilfe lösen wollte. Mit neuen genialen Beobachtungen verband er aber noch die alte Methodik, indem er das breite offene A der Silbe La hammerschlagartig ausführen ließ. Schmitt betonte als erster die Wichtigkeit des Brusttones und der Ausbildung der Stimme zum Instrument, woran sich die Ausbildung der Stimme als Instrument anschließt. Was er über den Atem sagte, war ebenso neuartig: „In tiefster Brust spürt man, daß sie ganz gefüllt ist. Hat man aber einen solchen Atem gefaßt, so drängt es einen natürlich, denselben loszulassen. Diesem Drang muß jedoch widerstanden werden". Erst viel später wurde die praktische Bedeutung dieser Vorschrift richtig verstanden.

Friedrich Schmitt darf als geborener Stimmbildner bezeichnet werden, als erster, der die Belange der deutschen Sprache voll erkannte und dem auch die Wiederherstellung versungener Stimmen glückte. Als Bühnentenor war er mit Richard Wagner in Berührung gekommen, die später zu einer Freundschaft führte. Da aber jeder eine irrtümliche Auffassung von der Kunst des andern hatte, so zerschlug sich eine künstlerische Zusammenarbeit, die Gegenstand des Briefwechsels beider war. Schmitt hatte nur einen treuen Schüler, Julius Hey, gehabt, und dieser verstand ihn nicht.

Julius Hey wollte mit seinem gründlichen vierbändigen Werk „Deutscher Gesangsunterricht" 1886 auf sprachphysiologischer Grundlage den Wagnergesang verbessern. Erklärte er doch, da für ihn Gesang ein „multipliziertes Sprechen" bedeutete, das Versagen der Sänger als Folge mangelnder Sprechweise. Methodisch verlief seine Ausbildung von der Feststellung eines Naturtones über das Aufsuchen eines Normaltones zum Entwickeln des Idealtones. Von Wagner nach München und Bayreuth berufen, schuf er eine Stilbildungsschule für den Vortrag deutscher musikdramatischer Werke. Seit dieser Zeit datiert die Geburt der „Deklamation", die eine natürliche Sprechweise fast ganz aufhebt.

Im gleichen Jahre wie Hey war auch Stockhausen mit einer „Gesangsmethode" hervorgetreten. Julius Stockhausen, Sohn einer Sängerin, Schüler von Garcia, gehörte zu den bedeutendsten Konzertsängern; seine großen musikalischen Fähigkeiten ermöglichten ihm auch die erfolgreiche Leitung der Hamburger Singakademie und des Berliner Sternschen Gesangvereins. Als Freund und Verehrer von Brahms schätzte er Wagner und Wagnergesang weniger. Auch Stockhausen glaubte, mit dem Studium sämtlicher Vokale und Konsonanten zum künstlerisch durchgebildeten Ton zu gelangen. Dabei bediente er sich eines nicht ungefährlichen Mittels: er forderte eine künstliche Kehlkopf-Tiefstellung, durch die der Ton scheinbar leichter, in Wirklichkeit aber allmählich festgeklammert wird.

Mit Stockhausen ist ein gewisser Endpunkt in dem Suchen nach einer Methode der Stimmbildung erreicht; denn wir gelangen immer mehr in Fiktionen, Spekulationen und Konstruktionen hinein, wir entfernen uns von der Natur. Diese Theorien muten deshalb trocken, unpersönlich an wir vermissen das eigene Stimmerlebnis, d. h. einen Wendepunkt, ein stimmliches Damaskus, dadurch fehlen auch wirklich produktive Gedanken. Und wenn wir noch Dutzende von Gesangsschulen besprechen würden, immer ist die entscheidende und energische Frage nach der Natur des Stimmkörpers, der Schwebung des Tones, dem Kräfteverhältnis zwischen Kehlkopf und Lunge (Atemdruck), der gesundheitlichen Beschaffenheit, d.h. ob Katarrhe oder Schwächen vorliegen, zu vermissen. Diese Lehrer fragen deshalb einseitig:

Ist die Sprache physiologisch richtig?
oder: Klingt der Ton altitalienisch?
oder: Hat der Ton nasale Färbung? usw.

Erschwerend wirkt zunächst die Tatsache, daß auf dem Gesangsgebiet die Musiker, also Dirigenten, Korrepetitoren, Komponisten, Kritiker, auch Intendanten und Regisseure, autoritativ mitzureden haben, ohne selbst einen richtigen Ton zu singen. Dadurch fehlt ihnen -- was unzählige Fälle gezeigt haben -- der Tonsinn für die Stimme, sie urteilen nur nach ihrem Musikempfinden, vom Klavier aus.

Wenn man am Klavier in tieferer Lage einen Akkord anschlägt, dann diesen mehrere Oktaven höher wiederholt, so ist hier wie dort der gleiche Kraftaufwand nötig. Ein Blick ins Innere des Instrumentes zeigt, daß die Saiten nach der Höhe zu dünner und kürzer, aber auch straffer werden, doch gleicht die Spielmechanik diese Unterschiede aus — worin die Kunst des Klavierbauers besteht. Auch innerhalb der 2 3 Oktaven einer Stimme finden sich diese Unterschiede der Schwingungsform im verkleinerten Maßstabe, die aber der Sänger selbst ausgleichen muß; für ihn bedeutet ein hoher Ton eine ganz andere Funktion als ein tiefer. Während ferner der Klavierspieler hauptsächlich seine Technik zu entwickeln hat, muß der Sänger mit dem Ton die Sprache verbinden, eine grundsätzlich andere Aufgabe! Und endlich: während sich zwei Flügel ziemlich gleichen, gibt es nicht zwei gleiche Stimmen einer Gattung.

Weil die Musiker und Pädagogen diese Gegensätze von Instrumentalisten und Vokalisten nicht genügend beachten, wird auch der Gesangsunterricht meistens nach rein musikalischen Gesichtspunkten aufgebaut. Wer aber an die Stimmbildung herangehen will, muß erst einmal den Musiker in sich und seine musikalisch-künstlerischen Ziele vergessen können.

Nach unseren früheren Ausführungen (s. Grundsätzliches zur Berufsstimme) wird es verständlich, daß die Laryngologie, die medizinische Lehre vom Kehlkopf, wissenschaftliche Autorität auch in Stimmfragen ausübt; denn das im Kehlkopfspiegel vom Auge Wahrgenommene gilt als unwiderlegbar. Aber weil sich die Stimme mit akustischen Vorgängen und Eindrücken an das Ohr wendet, ist zwischen der laryngologischen, konservativen Wissenschaft und den neuen Erkenntnissen fortschrittlicher Stimmpraktiker leider mehr ein Gegeneinander als ein Miteinander entstanden. Wenn ein Vergleich gestattet ist, so werden für die Bildenden Künste, obwohl sie ganz von der Sehfähigkeit abhängen, und zwar einer mit künstlerischer Intuition, keinerlei Regeln seitens der augenärztlichen Wissenschaft aufgestellt.

Diese Umstände lassen erkennen, welche Schwierigkeiten die Entwicklung der Methodik beeinflussen und hemmen. Wenn wir im folgenden trotzdem von einer Reform auf dem Gebiete der Stimmpädagogik berichten können, so verdanken wir diese nicht einem berühmten Gesangsprofessor, nicht einem hochbedeutenden Forscher oder einem gelehrten Autor dickleibiger Lehrbücher, sondern einem Mann ohne jede äußere Stellung, Titel und Ehren. Es war Müller-Brunow, dessen Lehre wie ein Wunder aufleuchtet.

Müller-Brunow, eigentlich Bruno Müller, gelernter Fotograf, aber auch als Schauspieler und, nach Gesangsstudien, als Gesangslehrer tätig, also ein Praktiker, gab 1890, seinem Todesjahr, eine unvergängliche Schrift „Tonbildung oder Gesangunterricht? Beiträge zur Aufklärung über das Geheimnis der schönen Stimme" heraus. Es sind ganze 70 Seiten, die einfachsten Naturgesetze enthaltend, d. h. Natur und ihre Gesetze, also keine Künsteleien, keine Willkürlichkeiten.

Müller-Brunow stellte die kühne Behauptung auf: die uns angeborene Sprache und anerzogene Sprechweise ist schon so unnatürlich, daß sie nicht zum Ausgangspunkt einer stimmlichen Entwicklung genommen werden kann. Die Natur der menschlichen Stimme ist überhaupt nicht ohne weiteres für die Kunst brauchbar, vielmehr erst nach „Hinwegräumen aller Kulturanhängsel". Das Material der Stimme muß deshalb auf einen Urbestandteil zusammengeschmolzen werden, aus dem die Neugeburt des Tones hervorgeht. Es gilt, den Organismus so umzubilden, daß er den Eigenton jedes Menschen erzeugt, einen Ton, der vollkommen mühelos, ja automatisch dem Mund entströmt, ohne durch irgendeine Methode beeinflußt zu sein. Diesen Primärton findet man nicht durch Üben von Mund-Hals-Zungen- und Kehlkopf-Stellungen, sondern unter vollständiger Verleugnung der bisherigen Muskeltätigkeit der Vokalwerkzeuge durch eine richtige Luftfunktion. Die ausströmende Luft ist aufzufangen, zu konzentrieren — was mit Atemtechnik im bisherigen Sinne nichts zu tun hat. Der so gebildete Sänger spielt mit klingender Luft.

Ebenso mußte der alte Streit, welcher Vokal das geeignete Bildungsmittel sei, verstummen, als Müller-Brunow nachwies, daß kein einziger der Grundvokale den Ton zu bilden vermag. Der primärste Vokal jedes Menschen ist das Oe — wir erwähnten es schon beim Redner. Dagegen ist der Vokal A der schwierigste, seine Entwicklung zum runden, vollen A ist nach 4- bis 5jährigem Studium als Endresultat der Stimmbildung anzusehen. Wem es gelingt, alle Vokale im ganzen Stimmumfang rund zu bilden, der hat das Geheimnis der schönen Stimme enthüllt.

Alles, was nicht von unserem Willen abhängig ist, wie z.B. die Register, hat nur noch sekundäre Bedeutung. Die gesamte sog. Gesangstechnik fällt als Frucht der runden Vokalbildung ab, sie braucht also nicht besonders geübt zu werden. Das ganze Studium ist demnach nur ein solches zum Instrument.

Hier wird eine ganz andere und neue Sprache gesprochen! Wie schlicht und klar ist das alles gesagt! Man sollte meinen, die Gesangswelt hätte sich mit Freuden aus dem Dunkel ins Licht dieser Lehre führen lassen. Das Gegenteil trat ein: fast niemand vermochte ihren Wert wirklich zu erkennen. Erst nach dem Tode des Schöpfers fand die Lehre Propagierung, namentlich durch den dänischen Hofopernsänger L. Chr. Törsleff in Leipzig. Damit wurde die Pädagogik vor ein Entweder-Oder gestellt: entweder sich mit der Erscheinung Müller-Brunows gründlich vertraut zu machen oder diesen Fortschritt zu ignorieren.

Müller-Brunow hatte mit Recht auf Schmitts Bedeutung hingewiesen. Beiden Meistern ist gemeinsam, daß sie aus Verzweiflung über die Erfolglosigkeit ihrer Stimmstudien nach den üblichen Methoden mit einer neuen Lehre hervortraten, wobei ihnen das eigene Organ zur Erfahrungsquelle wurde. Müller-Brunows Bemühen um einen runden, mühelos fließenden Ton zielte nur auf das Ansatzrohr ab, nicht aber auf den ganzen Stimmkörper, wie es Schmitt mit einem kraftvollen Bruston erstrebte.

Die Berücksichtigung beider Gesichtspunkte führte George Armin zu einem einheitlichen — von vielen ganz mißverstandenen — Prinzip der Luftverdichtung als Grundlage einer Lehre vom stimmlichen Dualismus, die völlig neue Einblicke in den Bildungsvorgang der Natur sowie in die Entwicklungsfähigkeit einer Stimme ermöglichte.

17. Die Stimme als Klangphänomen

Das fließende Wasser eines Baches oder Flusses ist in dem Augenblick eine Kraftquelle, wenn es durch einen Damm gehemmt und gestaut wird, durch diese Hemmung entsteht Druck und Gegendruck und daraus eine Kraft. Die Technik benützt dieses Verfahren in größtem Ausmaße zur Energiegewinnung (Wasserkraft). Auch in der menschlichen Stimme vermag das Fließen des Atemstromes (= Ausatmung) allein noch keine Stimmkraft zu erzeugen, sondern diese kommt erst dadurch zustande, daß der geborene Vokalist die Fähigkeit besitzt, die unbewußt vor der Tonentstehung in Brust und Kehle sich stauende Luft (= Druck) mit Hilfe des an den Stimmlippen entstehenden Widerstandes (= Gegendruck) in Klang umzusetzen ohne äußere Veränderung der beteiligten Organe; es handelt sich dabei um eine geheime innere Triebkraft der Stimme, nicht um eine Verlangsamung, ein Zurückhalten des Atems, oder ein Vollpumpen, sondern um die Umwandlung von Luft in verdichtete Luft, mithin eine Luftfunktion, die das gesamte Instrument der Stimme unter Druck und Spannung hält, vor allem die Kehle als die Quelle der Tonerzeugung. Auf solcher verdichteten Luftsäule schwebt der Ton wie eine Kugel auf einer Fontäne, der Ton steht dann „pneumatisch hoch".

Die unterhalb des Kehlkopfes zu einem höheren Verdichtungsgrad komprimierte Luft wird an die Stimmlippen herangedrängt, die ihren Widerstand aufgeben, um in Schwingungen überzugehen, wodurch ein Ton entsteht, der im Ansatzrohr sein eigentliches Klanggepräge erhält. Bei Entstehung eines Trompetentones dagegen drängt der Bläser die Luft an das Mundstück des Instrumentes, seine eigenen Lippen geraten in Schwingungen, die in der Trompete in Klang umgesetzt werden.

Zur gleichen Zeit, als dieses Grundprinzip in der Stimme erkannt und allmählich zu einem vollkommenen System ausgebaut wurde, versetzte Enrico Caruso die Welt in hellste Begeisterung und Bewunderung durch seine geradezu eruptive Macht sowohl im getragenen Stil mit dem seelenvollsten Ton wie auch im spritzigsten Staccato und einer beispiellosen Steigerung aller stimmlichen Fähigkeiten in der hohen Tenorlage — begann doch schon sein Name symbolisch mit dem C. Die fast gleichzeitige Erfindung des Grammophons ermöglichte es, ein solches Stimmwunder in häuslicher Ruhe zu studieren oder im Hörsaal zu demonstrieren. Mit Caruso hatte die Natur ein einzigartiges Modell dafür geschaffen, wie beim echten Gesang die Kehle immer unter starkem Druck steht, der freilich während eines Gesangstones unhörbar bleibt, sich aber am Ende einer Gesangsphrase durch ein explosionsartiges Austreiben des nicht mehr tönenden Luftstromes mit einem leichten „Abknallen" bemerkbar macht; Carusos Schallplatten, z. B. der Bajazzo-Arie „Jetzt spielen" und der Tarantella bilden hierzu ein ideales Studienmaterial.

Damit ist eine Erklärung nicht nur für die Kraft, Macht und Ausdauer im Gesange gegeben, sondern auch für die großen Unterschiede, die einen erfolgreichen Berufssänger von einer schwachen Dilettantenstimme prinzipiell trennen. Die Aufgabe der Stimmbildung besteht demnach darin, eine Luftverdichtung zu erzielen, wo sie fehlt oder unzureichend ist, bei dem Sänger aber, der diese Fähigkeit schon besitzt, sie noch weiter zu entwickeln und zu steigern. Man kann mit Worten nicht beschreiben, wie wohl sich ein Sänger fühlt, dessen Kehle vielleicht schon jahrelang unter falschem Druck und Zwang gestanden hat durch Malträtieren, nun aber endlich ein freies Gefühl beim Singen erhält, und man muß erlebt haben, wie eine unscheinbare Dilettantenstimme aus einem hauchdünnen Ton zu sängerähnlicher Tongebung gelangt.

Damit ist aber nicht nur die wesentlichste Voraussetzung aller Stimmbetätigung aufgedeckt, sondern zugleich der Weg gefunden, auf dem jeder, auch der Redner und Nichtsänger, zu Stimme gelangt. Dieser Bildungsvorgang, soweit er überhaupt beschrieben werden kann, nimmt seinen Ausgangspunkt im Stöhnlaut, dessen Funktion wir schon früher erklärt haben. Bei diesem Abseufzen entsteht durch ein Hemmen der Luft ein Druck, der bei Lösung des Verschlusses der Stimmbänder einen gestöhnten Explosivlaut erzeugt. In diesem primitiven und scheinbar unkünstlerischen Urlaut liegt die schöpferische Stimmkraft, der Keim des echten Stimmklanges verborgen. Wird die Funktion des Stöhnlautes richtig ausgeführt, so erhält die Kehle dadurch eine bemerkenswerte elastische Spannung, Freiheit und ihre richtige Lage. Zugleich wächst damit die Möglichkeit, den Stöhnlaut unmittelbar in einen Ton zu verwandeln, und zwar in einen gestauten Ton, der aber für die Anwendung noch nicht reif, nur Wurzel, noch nicht Frucht ist; da er noch längere Zeit mit Fehlern des Ansatzes verbunden bleibt, muß ihn erst ein gründliches Studium zu einem mühelosen und elastischen Ton umbilden. Dieser Werdegang läßt sich nur in der Werkstatt des Stimmbildners durch Vormachen und Nachmachen verdeutlichen.

Während das Stimmgenie durch seine Veranlagung diese Entwicklung sozusagen übersprungen hat, muß der weniger oder gar nicht Stimmbegabte alle Stufen schrittweise durchlaufen. Hierbei wird nur noch das gelehrt, was wirklich lehrbar und lernbar ist, nämlich die Voraussetzungen für eine Stimmbetätigung in Rede und Gesang, aber nicht die Anwendung selbst. Früher übte man das Sprechen und Singen ohne genügende Rücksichtnahme auf die physischen Voraussetzungen.

Die Frage nach der Beschaffenheit und Tätigkeit der Kehlkopf- und Brustmuskulatur ist von grundlegender Bedeutung. Die Fähigkeit des Singens hängt zum großen Teil von der Spannkraft und Elastizität dieser Muskeln ab, die meist zu schwach, zu spröde oder zu hart, also nicht voll leistungsfähig sind. Beim falschen Stimmgebrauch liegt auch eine falsche Muskelarbeit vor mit Verkrampfungen und gewaltsamen, unzweckmäßigen Bewegungen. Es genügt nicht, die falsche Muskeltätigkeit durch Schlafflassen und Lockern beseitigen zu wollen; bei dieser Entspannungs-Methodik wird die Frage übersehen, ob und welche Spannungen überhaupt vorhanden sind. Die Aufgabe des Vokalisten kann nur darin bestehen, dem Zwang der falschen Muskeltätigkeit eine richtige, zwanglose Muskelspannung entgegenzusetzen.

Betrachten wir den Bau eines Flügels, so sehen wir die Saiten innerhalb eines Gußrahmens ausgespannt, dessen Festigkeit erst die ungeheure Spannung der Saiten je nach ihrer Länge und Dicke ermöglicht. Auch die Stimme braucht einen solchen „Rahmen"; er wird gebildet vom Knorpelgerüst des Kehlkopfes und der Muskulatur zwischen Zungenbein und Brustbein. Hier liegt die Befestigungsmuskulatur, die unter Aufhebung aller unzweckmäßigen Bewegungen zu trainieren ist, was zugleich ein Wecken aller an der Stimmgebung beteiligten Kräfte bedeutet. Wie wir von Gegenständen des täglichen Lebens wissen, bedeutet Elastizität z. B. eines Gummibandes, die Fähigkeit zur Straffung, zugleich aber auch zum Lockerlassen. Diese Elastizität gilt es zu gewinnen. Nur durch Regulierung der Druck- und Spannungsverhältnisse kommen wir zu stimmlicher Kraft und ihrer Entspannungsfähigkeit.

Unsere Ausführungen über die Triebkraft, d. h. den Antrieb und die Kraft der Stimme lassen erkennen, welche fortschrittlichen Erkenntnisse gegen früher endlich erreicht worden sind. Hatten die alten Methodiker an das Gute, an eine einheitliche Harmonie in der Stimme geglaubt, so erweist sich diese als disharmonisch, dualistisch. Was heißt das?

Während der echte Ton eine Einheit darstellt und ein Gebilde der Kunst ist, erkennen wir den unvollkommenen Ton (= Naturton) an einer Gespaltenheit, einer Zweiheit, einem Dualismus. Deshalb birgt jede Stimme ein Etwas in sich, das Ausmerzung und Umbildung verlangt. Die uns angeborene Sprech- und Singweise läuft einer höheren, künstlerischen Tonbildung zuwider, sie wird allein schon durch die sog. Ansatzfehler gehemmt.

Die Ansatzfehler äußern sich in einem kehligen, halsigen, gaumigen, hohlen, flachen oder nasalen Klang; sie ergeben sich aus der Natur der Vokale, indem I und E spitze, nasale, U und O halsig-gaumige und A kehlige Tonprodukte bilden. Ausgehend von der Forderung Müller-Brunows nach einer runden Vokalform können nur diejenigen Vokale zur Tonbildung herangezogen werden, die den Ton verdichten helfen, die Kehle öffnen, gleichzeitig die Kräfte der Brust entwickeln. Das ist der Vokal Oe (im Worte Hölle); ähnliche Eigenschaften, jedoch in anderen Lagen wirkend, hat der Vokal Ü. Eine Durchbildung dieser beiden Übungsvokale ergibt die runde Vokalform und damit Umwandlung des Naturtones in einen musikalischen Ton, ohne daß die übrigen Vokale besonders zu studieren, nur zu probieren sind.

Da die Konsonanten teilweise tonhemmend wirken, sind auch nur diejenigen brauchbar, die den Klang verdichten helfen: dazu gehören W, L, M, auch J; ihre Verschmelzung mit den Übungsvokalen ergibt allmählich eine Verbindung aller Konsonanten mit allen Vokalen, die Konsonanten stellen sich dann dem Tonstrom nicht mehr in den Weg, sondern fördern eher seinen Lauf. So ist das Endziel die Konzentration des Tones, wobei der harte Tonansatz in einen weichen, der gehauchte in einen konzentrierten umgebildet wird. Diese Konzentriertheit des Tones ist auch die Erklärung dafür, daß ein einziger Solist einen großen Chor ungeschulter Stimmen und das Orchester mühelos zu durchdringen und zu übertönen vermag.

Von den erwähnten Ansatzfehlern ist der Kehlton der schlimmste und als die Wurzel allen Übels zu bezeichnen. Bei hohen Männerstimmen (Tenor) wird er zum Quetschton (Knödel) in Sprache wie Gesang. Dieser meist angeborene Kehlton entsteht durch ein Verengen und Abschnüren der Kehle, er nimmt ihr die Freiheit und überanstrengt den Kehlapparat — im Gegensatz zum echten Ton, der die Kehle weitet und in die richtige Lage rückt. Da der Kehlkopf mit Bändern am Zungenbein aufgehängt ist, so kann eine Verschiebung hauptsächlich nach oben und unten erfolgen. Modelle für kehltonfreies Singen waren Caruso und Raimund von Zur Mühlen, ein deutscher Caruso, beide ihrem Stimmcharakter nach zwischen lyrischem und Heldentenor.

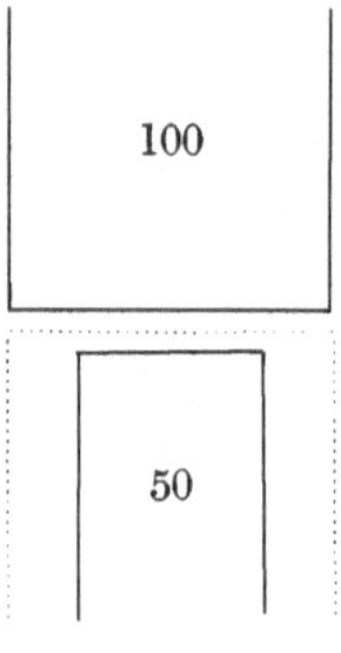

Während beim echten Ton das Verhältnis von Kraft und Gegenkraft, zwischen Atem und Kehle, ein ideales ist, fehlt diese Ausgeglichenheit beim Kehlton. Nehmen wir an, die Triebkraft einer Kehle betrage 100 und es würde ihr eine Atemkraft von nur 50 entgegengesetzt, so stünde diese stark gebaute Kehle unter ungenügendem Luftdruck. Im umgekehrten Falle würde eine zu schwache Kehle durch überstarken Atemdruck verschoben, weil sie keine Gegenkraft zu bieten vermag. In beiden Fällen besteht also ein Mißverhältnis zwischen den Kräften von Kehle und Atem. Wo sich dagegen die Kräfte zahlenmäßig die Waage halten, z. B. bei 100 : 100 (die punktierte Linie), decken sich Triebkraft und Gegenkraft, es entsteht eine Balance des Tones.

Ein kehlender Redner oder Sänger zehrt von seinem Kapital statt von den Zinsen. Da der Kehlton oft mit einem schönen Timbre verbunden ist, so wird er durch (falschen) Klang und Glanz kaum diagnostiziert und infolgedessen auch nicht ausgemerzt. Man glaubt ihn durch „Entlasten" der Kehle beseitigen zu können. Dabei wird die noch vorhandene Stimmkraft durch jahrelanges Pianoüben, Hauchen und Säuseln immer mehr abgebaut, statt sie systematisch zu schulen, um die richtig verteilte „Last" tragen zu lernen.

Wie der Ton alle pneumatischen Höhlen der Brust und des Kopfes erfüllt, soll eine absichtlich vereinfachte Zeichnung veranschaulichen:

Wenn wir eine Trennungslinie zwischen Brust und Kopf ziehen, so geht der Ton durch einen Tiefgriff nach abwärts in die Brust. Hier gewinnt das Stimminstrument einen wichtigen Stützpunkt, den der Vokalist tatsächlich als einen „Griff" am Brustbein fühlt. Das Streben nach Luftverdichtung stärkt die Muskulatur an der Brustwand, den Schultern, Flanken und am Rücken von den Halswirbeln ab. So wird der schon von Schmitt geforderte Brustton gewonnen und geschult. Nach einem Wort Treitschkes „Mit dem Brustton der Überzeugung" gibt der aus der Brust kommende Ton einer Rede Nachdruck; und für die Gesangsstimme bedeutet der Brustton das Fundament, den Boden, die Urkraft.

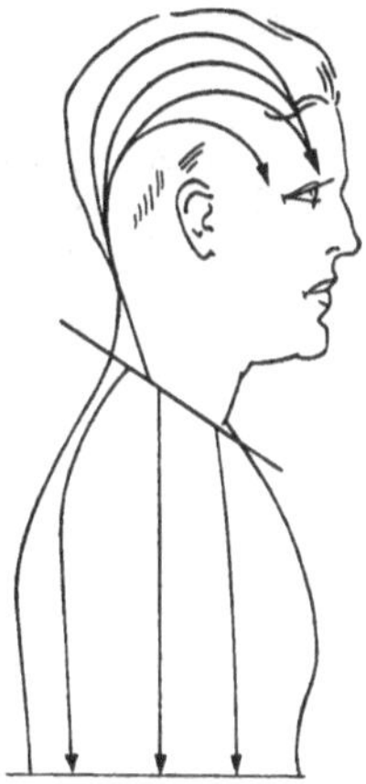

Der Ton dringt aber auch nach dem Munde zu im weiten Bogengang. Der Vokalist spürt die Schwingungen in Nase, Stirn und Schädel. Wenn der Ton sowohl über als auch unter den Stimmbändern steht, wird ein Gegengewicht balanceartig ausgeübt.

Die Zweiheit der Stimme zeigt sich auch in den Registern. Der Name Register, von der Orgel auf die menschliche Stimme übertragen, bedeutet, daß eine Reihe von Tönen mit ungefähr gleicher Stimmbandfunktion erzeugt werden. Der angeborene Dualismus spaltet aber die Register durch einen Bruch unvermittelt in Brustregister und Falsettregister (falsetto = falsche Stimme, weil Kopfstimme statt Bruststimme).

Die Frauenstimme ist eine Fortsetzung und Erweiterung der Mädchenstimme, insofern der Männerstimme gegenüber im Vorteil, dafür aber stärker abhängig vom körperlichen Zustand. Sie wird in der Tiefe vom Brustregister gebildet, dem sich auf weit größerem Gebiet die Falsettstimme anschließt. Die schwierige Zone liegt im Übergangsgebiet von beiden Registern: ein roher Brustton wechselt mit einem ausdruckslosen Falsetton ab, der erst mit zunehmender Höhe seine Qualitäten entfaltet.

Die Männerstimme zeigt ein wesentlich anderes Bild, da sie der Stimmwechsel von der Knabenstimme trennt. Niemals darf man die Männerstimme als eine um eine Oktave tiefer liegende Frauenstimme ansehen; denn beim Mann dominiert die Bruststimme, während die Anwendung des Falsetts begrenzt ist und zudem unmännlich wirken kann. Also eine grundlegend andere Situation als bei der Frau.

Folgende schematische Skizze zeigt, daß (ungefähr) die Oktave zwischen c^1 und c^2 in der Männer- wie Frauenstimme sowohl im Brustregister als auch im Falsett gesungen werden kann. Die Lage von c^2 aufwärts bleibt dem Falsett der Frauenstimme vorbehalten, gewissermaßen als Fortsetzung der Männerstimme. Die Lage von c^1 abwärts der Männerstimme wird nur vom Brustregister ausgeführt. Dieses Schema verschiebt sich selbstverständlich bei tiefen Stimmen nach unten.

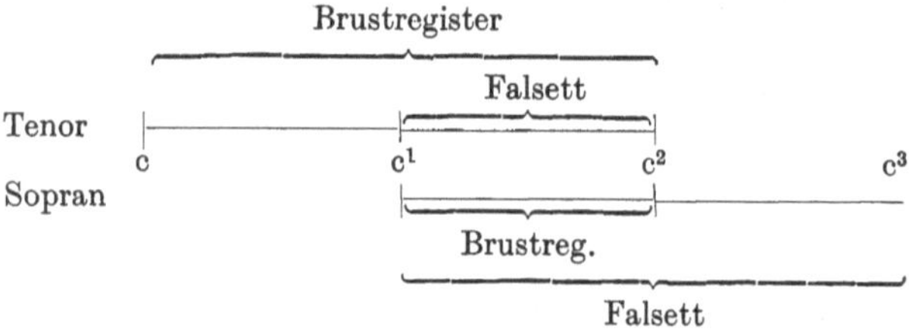

Auch der Register-Dualismus ist aufzuheben, was sich ebenfalls vollkommen automatisch vollziehen muß nach folgendem Gesetz: Die männliche Stimme wird ausschließlich im Brustregister gebildet, weil nur dieses durch totalen Verschluß der Stimmbänder eine vollkommene Luftverdichtung möglich macht. Dabei stellt sich das Falsett als eine Nebenfunktion, ohne spezielle Studien, ein, soweit dazu überhaupt eine Anlage vorhanden ist. Auch in der Frauenstimme bildet das Brustregister die Quelle für die Tonbildung, jedoch mit dem Unterschied, daß auch das Falsett in direkte Schulung zu nehmen ist. Der kunstgemäße Ausgleich der Register geht mit zunehmender Reife des Tones vor sich. Eine Mischung beider Register bildet die für die hohe Lage des Tenors wichtige Voix mixte.

Schließlich zeigt sich die Zweiheit auch in der Dynamik der Stimme. Wenn wir eine Tonleiter von unten nach oben singen, so wird der Ton mit zunehmender Höhe immer stärker. Es liegt hier ein Naturgesetz vor, das auch die Komponisten kennenlernen müßten, um nicht dagegen zu verstoßen; denn es werden in der tiefen Lage oft genug starke Töne verlangt, z.B. am Anfang des Chorales „Wachet auf, ruft uns die Stimme“ und in Schuberts Lied „Dem Unendlichen“. Deshalb lautet die Aufgabe der Stimmbildungskunst, das dynamische Verhältnis umkehren zu können, also in der Höhe Zartheit und in der tiefen Lage eine gewisse Stärke zu ermöglichen, ja nach der Höhe zu einen Pianoton ohne Bruch in einen Fortissimoton anschwellen und nach der Tiefe einen Forteton zu einem Pianissimoton abschwellen zu lassen.

Die hier in Kürze vorgetragenen Prinzipien haben auch unsere Auffassung von Atem und Atemübungen beeinflußt. Was den Sänger auszeichnet, ist die — angeborene — Fähigkeit, einen langen Atem ökonomisch und kunstgerecht im Gesang anzuwenden, oder als Sprechender in der Rede. Man nennt das Atemtechnik. Obwohl die Sänger den höchsten Atemverbrauch haben, sind sie doch nie „atemlos“; während sie blitzschnell unmerklich Atem holen und auf die Achtelnote genau mit ihrem Ton einsetzen, muß der Nichtsänger und Dilettant „erst mal Atem holen“. Erfahrungsgemäß kann man mit vollendeter Atemtechnik jeden Ansatzfehler verbinden, d. h. eine Atemschulung als Spezialübung hat so gut wie keinen Einfluß auf die innere Kehlbildung. Ein Tonstudium hingegen nach den Gesetzen der Luftverdichtung bringt automatisch den für die Anwendung der Stimme in Rede und Gesang erforderlichen langen Atem wie auch die Fähigkeit, ihn einzuteilen. Also nicht der Atem bildet den Ton, sondern der Ton den Atem! Dabei werden Verrenkungen und Verkrampfungen, wie sie bei isolierten, tonlosen Atemübungen zu beobachten sind, vermieden. Die üblichen Einatmungsübungen müssen überhaupt als unphysiologisch abgelehnt werden; denn durch zeitweilige Übersättigung des Organismus mit Sauerstoff bewirken sie geradezu eine Abnahme der Atmungsenergie, worauf Lungenfachärzte hingewiesen haben.

Ein anderes Beispiel: die Zunge, das Organ mit den reichsten Bewegungsmöglichkeiten, kann sehr hemmend für die Tonentfaltung sein. Ist der hintere Zungenteil träge oder steif, so gibt es einen kloßigen Ton. Im Lateinischen heißt lingua sowohl Zunge als auch Sprache, diese Identifizierung beweist die Wichtigkeit der Zunge als Sprachbildnerin. Aber die als Spezialübung betriebene äußere Bändigung und Zügelung gibt eine unfreie Zungenlage und stört die ruhende Spannung im Kehlkopf. Deshalb lautet auch hier die Aufgabe für den Vokalisten: Steigerung von Kraft und Spannung der Zunge nur in Verbindung mit dem Tonstudium, nicht aber separat.

Es werden also Spezialübungen als Stimmbildungsmittel überflüssig, mögen sie betreffen Atem, Resonanz, Register, Lippen-Mund-Zungenstellungen, Summen, Gähnen, alle vor dem Spiegel oder mit einem Korken zwischen den Zähnen auszuführenden Übungen, künstlich gewollte Kehlkopfstellungen, Tonleiter, Skalen, Studien zur Kehlfertigkeit. Es ist ferner die konservative Auffassung überholt, daß die von der Natur gegebene Stimme nur gehegt und gepflegt zu werden brauche, wobei Stimmen lediglich auf ihr Timbre, die äußere Fassade, hin beurteilt und angefaßt werden; aber das Timbre, ein umstrittener, nicht eindeutiger Begriff, ist oft genug trotz Wohllautes mit Unnatur verbunden.

Seit Müller-Brunow liegt das ganze Geheimnis der Beurteilung und Bildung einer Stimme im Hören, also in einer spezifischen Beobachtungsgabe. Wer aber beobachtet nun richtig? Das muß wiederum durch einen Vergleich erklärt werden: Man kann weder einen Tisch, eine Treppe noch ein Haus bauen, ohne das Maß des rechten Winkels zu haben. Es ist das Grundmaß für alle Bauenden, sonst würde Schiefes entstehen. Hat man nicht den „rechten Winkel" im Gehör, so gibt es ein schiefes Hören, eine falsche Beurteilung. Wie manche Menschen ein schief hängendes Bild nicht stört, wie es Farbenblinde gibt, so auch für den Stimmklang Gehörsschwache, ja Gehörskrüppel.

Wir haben nun ein genaues Maß für den Bau einer Stimme, ähnlich dem rechten Winkel, in dem Begrif des echten Tones. Was echt ist, wissen wir bei Schmuckgegenständen, Edelsteinen und Perlen zu schätzen. Das Unechte glänzt auch, aber nur der Fachmann unterscheidet mit Kennerblick Echtheit von Wertlosigkeit. Mit Absicht wiederholen wir hier mit anderen Worten noch einmal, was in der Stimme echt heißt: ein Ton, der vollkommen intonationsrein (nicht zu hoch, nicht zu tief), tragfähig, konzentriert, ausdrucksvoll, absolut musikalisch ist. Man könnte sagen: wie ein Celloton, wenn nicht beim Gesang die Sprache hinzukäme. Kein ungünstiger Vokal, keine Konsonantenanhäufung darf diesen Tonstrom hemmen, dessen Charakter stets ein fließender sein muß. Die Ruhe im Ton, d. h. physikalisch seine Ausgeglichenheit in den Schwebungen, bildet ein Kriterium für die Echtheit des Tones.

Rein äußerlich ist der echte Ton an der fast geschlossenen, höchstens halbgeöffneten, aber zwanglosen Mundstellung zu erkennen.

Diesen echten Ton in der eigenen Kehle erworben zu haben, gibt zugleich ein untrügliches Gehör für Stimmdiagnosen.

18. Grundsätzliches zur Stimmpädagogik

Das Gebiet der Stimmbildung verlangt eine ganz spezifische Begabung, von der sich der Laie wohl kaum eine rechte Vorstellung macht. Der Stimmpädagoge braucht den „rechten Winkel" im Gehör, da der Schüler seine eigenen, angeborenen Fehler nicht hört. Sie können ihm nur durch Vergleiche langsam zum Bewußtsein gebracht werden. Deshalb müßte ein Stimmpädagoge die wichtigsten stimmlichen Probleme an sich selbst gelöst haben und die Gesetze reiner Stimmbildungskunst vorbildlich und instruktiv demonstrieren können. Er muß ferner die Architektur der verschiedenen Stimmgattungen plastisch vor Augen und Ohren haben, um in diesen planmäßigen Aufbau jede einzelne Stimme im jeweiligen Stadium ihrer Entwicklung hineinzuprojizieren.

Der Mangel dieser Fähigkeiten läßt sich nicht durch einen berühmten Namen als Sänger oder Musiker, nicht durch Gelehrsamkeit ersetzen. Bei fehlendem Tonsinn werden die eigentlichen Stimmprobleme weder erkannt noch gelöst.

Im Gegensatz zum Vokalisten spielt der Instrumentalist auf einem Instrument, das er in vollständig gebrauchsfähigem Zustand erhalten hat, und es kommt für ihn darauf an, eine möglichst hohe technische Meisterschaft auf diesem Instrument zu erlangen. Die Instrumente einer Gattung haben die gleiche Spielbarkeit, deshalb kann man den methodischen Weg, den ein Instrumentalschüler zu gehen hat, auch schriftlich fixieren und Übungsmaterial im Druck veröffentlichen.

Ganz anders dagegen der Vokalist: soll seine Stimme künstlerischen Ansprüchen genügen, ein Leben lang gesund und dauerhaft bleiben, so muß das Stimminstrument erst von Grund auf gebaut werden. Die Tätigkeit eines Instrumentenbauers, der einen Flügel oder eine Violine zusammensetzt, hat zunächst mit ausübender Musik nichts zu tun. Erst nach Aufziehen der Saiten, Intonieren und Stimmen kann es für musikalische Zwecke Verwendung finden. Der gleiche Vorgang ist auf die Stimme zu übertragen, d. h. Stimmbildung besteht einzig und allein im Aufbau des Instrumentes. Dieser Aufbau einer Stimme, ein rein akustischer Vorgang, vollzieht sich mit Aufsuchen und Üben der richtigen Luftfunktion; denn die Qualität und auch Quantität einer Stimme hängt ab von der Umwandlung der Luft in verdichtete Luft sowie von dem Kräftespiel zwischen Luftdruck und Kehlkopfwiderstand, das die motorische Triebkraft der Stimme und zugleich die Verschlußdichte der Stimmlippen ermöglicht; denn Singen ist ein Spielen mit klingender Luft, mit tönendem Atem.

Aber davon weiß der Stimmschüler im allgemeinen nichts. Bei seiner jugendlichen Begeisterung speziell für die Bühne wird er dem Wunsche nach Betätigung des vorhandenen Talentes oft zu früh nachgeben; denn es locken Erfolge und Gagen. Dieser vor allem beim weiblichen Geschlecht begreifliche Drang, die Blütejahre auszunützen, führt aber leicht zu einer Verkürzung der Ausbildungszeit, was sich allmählich rächen muß: einmal dem Theater mit seinem ungeheuren, rücksichtslosen Verschleiß an Stimmen verschrieben und im Kunstbetrieb stehend, ist es schwer möglich, vorhandene Fehler zu beseitigen. Während einer Bühnentätigkeit kann der Unterricht nur ein Polieren oder Frisieren der Stimme sein, wobei grundlegende Fehler nicht beseitigt werden; das würde ein Unterbrechen der künstlerischen Tätigkeit erfordern. So ergibt sich als erste Forderung: die Ausbildungszeit nicht zu kurz zu bemessen. Die Dauer des Studiums eines bürgerlichen und akademischen Berufes bei gemeinsamem Unterricht auf Schulen und Hochschulen kann man festlegen, bei der Stimme handelt es sich aber um ganz individuelle Anlagen, die eine bestimmte Entwicklung durchmachen müssen, um für öffentliches Wirken reif zu werden. Diese Umwandlung eines Naturzustandes in ein Kunstprodukt zu vollziehen, hängt auch von den Begleitumständen ab.

Der Schüler müßte außer den stimmlichen und körperlichen Anlagen wirtschaftliche Voraussetzungen mitbringen, um das Studium längere Zeit durchführen zu können bei geeigneten Wohnverhältnissen mit Klavier. Zu diesen mehr äußeren Forderungen kommen noch innere: Mentalität, charakterliche Anlagen und geistige Einstellung.

Da sich der Vokalist selbst nicht richtig hört — befindet sich doch die Stimme, im Gegensatz zu jedem Instrument, innerhalb seines Körpers —, so sind möglichst frühzeitig Schallplatten- oder Bandaufnahmen zu empfehlen. Was der Spiegel fürs Auge, ist die Tonwiedergabe fürs Ohr; allerdings mit gewisser Einschränkung: die Apparatur kann ebenso stimmliche Mängel verbessern wie Vorzüge verdecken, so daß keine absolute Wirklichkeit erreicht wird. Wie nicht jeder ein Fotografiergesicht hat, so auch nicht jeder eine Mikrofonstimme.

Unschätzbar ist die Schallplatte als Vergleichsmaterial zwischen Lehrer und Schüler, zwischen Schüler und bereits erfolgreichen Vokalisten, zwischen Durchschnittsstimmen und Stimmphänomenen.

Bei Beginn einer Bühnentätigkeit ist zu prüfen und zu bestätigen, ob der junge Künstler im richtigen Stimmfach arbeitet. Das ist durchaus nicht immer geklärt, und es gibt Fälle von Hin- und Herpendeln zwischen Tenor und Bariton, zwischen heldisch und lyrisch. Ein bekannt gewesener Sänger trat ursprünglich als Bassist, dann als Bariton, schließlich als Tenor auf, weil die richtige Stimmlage nicht rechtzeitig erkannt worden war. Für ihre Festlegung ist allerdings nicht der Stimmumfang, sondern der Klangcharakter maßgebend; nicht maßgebend kann sein, welches Stimmfach Lehrer oder Schüler wünschen.

Weiter ist von grundlegender Bedeutung, daß die junge Stimme nicht überanstrengt wird, wozu starke Beschäftigung in vielen Partien, wie vor allem auch in den Riesenräumen mit stark besetztem Orchester, teilweise bei schlechter Raumakustik, führen muß. Dadurch wird die Stimme zum Forcieren gebracht, wovon sie nicht wieder loskommt, eine freie Tongebung dadurch aufgehoben; denn der Kehlton führt zu einer falschen Konzentration des Tones. Dieser Vorgang kann sich auf Jahre und Jahrzehnte erstrecken, das Resultat wird nicht nur stärker hörbar, sondern auch für den Vokalisten selbst unangenehm fühlbar, der sich dann aber schon mitten im Abbau seiner Stimme und auf direktem Wege zum Stimmverlust befindet. Am gefährdetsten sind die lyrischen Stimmen, wenn keine genügende Fundierung stattgefunden hat.

Wie man einen umkippenden Baum vor dem Umfallen durch Abstützen und Ziehen in die Gegenrichtung bewahrt, muß den aufkommenden Fehlern entgegengearbeitet werden. Hierzu sollten die Sommerferien ausgenützt werden; oder während der Spielzeit, etwa nach Weihnachten, wäre eine solche stimmliche Überholung durch Urlaub oder spielfreie Zeit dringend zu empfehlen. In schweren Fällen ist längeres Pausieren unvermeidbar.

Nach den Wechseljahren besteht für tiefgreifende stimmliche Korrekturen mit Ausmerzung alter Fehler weniger Hoffnung. Dagegen wird die richtig funktionierende Stimme bis ins hohe Alter für künstlerisches oder rednerisches Wirken erhalten bleiben.

Wahrhaft große Aufgaben erwarten den Sänger von heute: soll er doch den Gesangsstilen von 3½ Jahrhunderten gerecht werden, auch physisch unter früher nicht gekannten Bedingungen durchhalten. Dieser zunehmende Ausleseprozeß verlangt Höchstleistungen. Der Bewohner einer Mittelstadt beispielsweise wird in seinem Theater mittelmäßige Sänger anzuhören kaum noch geneigt sein, da er dieselben Gesangsstücke von den ersten Sängergrößen der Welt im häuslichen Radio oder Fernsehen umsonst geboten bekommt.

Die Kunstgesetze für einen einheitlichen Aufbau aller Stimmen bei geringer Individualisierung gelten im gleichen Maße auch für die Sprechkunst. Wenn sich die Sprechpädagogik der Kontrolle des Auges statt des Gehörs bedient, führen ihre rein äußerlichen Sprechexerzitien mit unschön wirkenden Gesichtsverzerrungen zu einer gekünstelten und manirierten Sprechweise, die eine Automatik der Kehle aufhebt und eine Sprechkunst ausschließt.

Die lettische Schriftstellerin Zenta Maurina nahm für ihre Vorträge „Deklamationsstunden bei einem Schauspieler alter Schule. Aber nach dem ersten Zyklus seiner Stunden bemerkte meine Schwester, am Vortragsabend habe meine Stimme so fremd geklungen, und eine aufrichtige Freundin sagte: „Selbst ein Pferd hätte bei Deiner Diktion gestern lachen müssen!“ Da gab ich die Deklamationsstunden auf und sprach, wie mir der Schnabel gewachsen war“.

Welcher Art die Stimmarbeit des Schauspielers sein muß, hat Lina Fuhr geahnt, die von ihrem ersten Jahr am Berliner Kgl. Schauspielhaus schreibt: „Ich hatte mich in dem großen Hamburger Stadttheater arg überschrieen und dadurch mein Organ stark geschädigt. Mit einem Orchestermusiker, der die Noten der Reihe nach anschlug, übte ich wie eine Sängerin fast täglich. So erweiterte ich nach oben und unten hin die Tonskala meiner Stimme“.

Stanislawski, dem durch Gesangsunterricht das Sprechen leichter fiel, forderte Übungen ähnlich denen der Sänger. Nach dem Konzert eines der besten Streichquartette sah er die zukünftige Aufgabe vor allem in den musikalischen Grundlagen: „Die Stimme muß wie eine Geige klingen. Wie kann man erreichen, daß der Ton ununterbrochen klingt, Wörter und ganze Sätze durchdringt wie der Faden die Glasperlen einer Kette? Hätte ich diesen langanhaltenden Ton zu meiner Verfügung, dann könnte ich der Stimme die verschiedensten Nuancen geben. Dieser langanhaltende Ton fehlt in unserer Sprache. Wieviel neue Möglichkeiten eröffnet uns die musikalische, klingende Sprache zur Offenbarung des inneren Lebens auf der Bühne! Nur dann werden wir begreifen, wie lächerlich wir jetzt in unseren hausbackenen Mitteln und Sprechmanieren mit einem Stimmumfang von 5 bis 6 Tönen sind."

Die Kunst des Sprechens ist deshalb abhängig zu machen von der echten Tonproduktion der Kehle, aus der die plastische Gestaltung der Sprache hervorgeht, durch Suchen nach dem Klang als Träger des Wortes und durch Erweitern des Tonbereiches, wobei sich auch die „Zwischentöne" von selbst einstellen. Das läßt sich durch lebendiges Beispiel von Mund zu Mund lehren und lernen.

Den heutigen Anforderungen vermögen nur die Stimmen Auserwählter und die durch eine wirkliche Schulung zur Überdurchschnittlichkeit gebrachten Stimmen ein Leben lang ohne Schaden gerecht zu werden. Stimmbildung schafft die Voraussetzungen hierzu, wenn sie in einer Umbildung und Durchbildung der Stimme besteht. Erst dann kann von einer Stimmbildungskunst die Rede sein.

Auf solcher Grundlage sind fertig gebaute Stimminstrumente durch Gesangs- bzw. Schauspielunterricht (Vortragsstudium) für künstlerische Verwendung einzuspielen und an praktischen Aufgaben zu erproben.

V. Die Stimme in der Heilkunde

19. Katarrhaliker, Stimmpatienten, Bronchialasthmatiker, Lungenkranke, Hypertoniker usw.

Ein wirklich architektonischer Aufbau der Stimme geht keineswegs glatt vor sich, sondern wird von Hemmnissen und Schwierigkeiten begleitet, deren Beseitigung und Überwindung ein wesentlicher Bestandteil des ganzen Bildungsvorganges ist. Diese Erscheinungen, die sich in Erschlaffung und Verengung, Unreinigkeiten und Verschleimung zeigen, sind meistens mit einem die Stimmbänder affizierenden Katarrh des Kehlkopfes (Laryngitis) verbunden. Es ist ein versteckter Katarrh, von dem die meisten nichts wissen, vor allem die Künstler nichts ahnen, namentlich wenn er trockener Art, also ohne Schleimabsonderung ist. In flüssiger Form kommen manchmal überraschende Schleimmengen zur Lösung. Die Übungsbehandlung muß die gereizten und erkrankten Schleimhäute reinigen, regenerieren und kräftigen, wobei sie gegen alle Insulte geradezu unempfindlich gemacht werden können.

Es gibt nun eine Unmenge Menschen, die an solchen Katarrhen leiden, vom leichten akuten Rachenkatarrh bis zum quälenden chronischen Bronchialkatarrh. Ständige Begleiterscheinungen sind Erkältungen und klimatische Anfälligkeit. Ein solcher Katarrh bleibt aber nicht lokalisiert, er kommuniziert mit Rachen und Nase, die einen günstigen Boden dazu bieten. Unterhalb des Kehlkopfes erfaßt der Katarrh Luftröhre oder Bronchien oder Lungenspitzen, ein Vorstadium für schlimmere Erkrankungen. Auch an den stimmschädigenden Raucherkatarrh sei erinnert.

Diese Katarrhe sind von dem stimmlichen Zustand nicht zu trennen, d. h. Stimmbildung muß ihre Beseitigung und Heilung einschließen, umgekehrt eine therapeutische Behandlung zugleich Stimmbildung sein. Damit wird aber die Heilaufgabe mehr zu einer pädagogischen Angelegenheit, weniger Sache der Medizin und gehört in die Hand des Stimmtherapeuten.

Katarrhaliker waren überwiegend unbefriedigt, daß der Charakter ihres Leidens nicht richtig erkannt und sekundäre Erscheinungen zum Hauptsymptom gemacht wurden. Als Ergänzung früher geschilderter Fälle wollen wir das an dem schweren Fall des Patienten R. demonstrieren: Die Wirkung der operativen Entfernung eines Polypen auf dem rechten Stimmband war nicht anhaltend, nach vier Jahren sogar eine abermalige Operation für notwendig befunden, in die R. aber nicht einwilligte. Mit Recht; denn ein chronischer Katarrh hatte die Stimmbeschwerden (Schwäche, Ermüdung, Verkrampfung, starke Heiserkeit) hervorgerufen, die mit der Knötchenbildung nur ihren sichtbaren Ausdruck und Höhepunkt fanden. Deshalb griff eine Stimmübungsbehandlung an die Wurzel des Leidens, so daß eine zweite Operation überflüssig wurde und R. nach mehr als zehn Jahren immer noch frei von Stimmbeschwerden blieb, während ihn vorher schon das Rufen seines Hundes angestrengt hatte.

Zu einer solchen Übungsbehandlung war man früher nicht gekommen, da die Heilkunde (Laryngologie) von den Lehrmeinungen der nur auf ästhetische Ziele gerichteten Gesangspädagogik beeinflußt wurde. Wem immer nur Ruhe und Schonung verordnet wird, der hat kaum noch Mut, sich einer Schulung anzuvertrauen, die auf die stimmliche Urkraft zurückgreift. Eine Heilwirkung wird aber nicht erreicht durch Singen von Volks- und Kunstliedern oder Mitwirkung im Chorgesang. Hierbei werden zwar die Stimmorgane betätigt, aber mit allen ihren angeborenen Fehlern und Mängeln. Diese zu beheben und die physischen Voraussetzungen zu verbessern, ist jedoch die Aufgabe einer Stimmübungsbehandlung.

Geringe Stimmfähigkeit verrät sich schon äußerlich an einem langen engen Hals mit schlaffer Muskulatur und eingefallenem Brustkasten. Eine Gegenüberstellung des Halsprofils einer schwachen und kranken Stimme und dem eines Organs höchster Leistungsfähigkeit zeigt bei jener vor allem einen scharfen Kinnwinkel von 90 Grad (Knickhals), bei diesem eine volle Rundung. Schlechte Stimmen sind auch an den äußeren, ganz unzweckmäßigen Bewegungen zu erkennen, wobei die an der Tonbildung beteiligten Organe aus ihrer Lage gebracht werden. Ebenso ist Aufreißen oder schiefes Verziehen des Mundes beim Sprechen und Singen ein Zeichen falscher Stimmgebung.

Knickhals Sängerhals

Die Umwandlung einer schon im äußeren Bau sichtlich mangelhaften Stimme zu einer leistungsfähigen mit einer allmählichen Annäherung an den Sängertyp konnte während der Übungsbehandlung in den meisten Fällen beobachtet werden. Diesen Vorgang durfte ich, ursprünglich durch eine Trichterbrust, trockenen Katarrh und sehr anfällige Luftwege stimmlich behindert, auch an mir selbst erleben.

Ein Zurückgreifen auf primitive und in der Tierwelt überall zu hörende Lautgebung bilden die *Geräuschfunktionen*. Solche naturlautartigen Funktionen sind das Ei des Kolumbus für alle Stimmen, bei Patienten, Rednern wie Künstlern, und zudem international in jeder Sprache verständlich. Zu diesen Geräuschfunktionen gehört das *Räuspern*. Das unverständliche Verbot dieser natürlichen Funktion begünstigt die Ansammlung von neuen „Kratzern“ in den Luftwegen. Systematisches Räuspern, zusätzlich zu den Stimmübungen getrieben, zeitigt dagegen ungeahnte Wirkungen, namentlich bei Menschen, die sich überhaupt nicht richtig räuspern können, sondern nur auf falsche, unzweckmäßige Art, oder denen es untersagt ist.

Zu den vorbereitenden Funktionen kommt der möglichst lang ausgehaltene *Übungston* hinzu, der nicht nur Bildungs-

und Heilmittel, sondern zugleich untrügliches Kriterium für Sitz und Klang, überhaupt für Quantität und Qualität einer Stimme ist, da er die Wirkung einer Zeitlupe aufs Akustische überträgt, so daß jede Einzelheit hörbar wird. Zunächst ist der Übungston klein, kurz und unscheinbar. Aber er wächst, wird größer und länger von Woche zu Woche. Schließlich ist eine kräftige und energische Tonproduktion erzielt worden. Aber niemand wird überanstrengt; denn es ist die feinste Dosierung in homöopathischer Verdünnung möglich. Dieses Wachsen seiner Stimme zu beobachten und an sich zu erleben, erweckt bei den Patienten Freude und Interesse, namentlich wenn die gewünschten Tonhöhen richtig getroffen werden und auch der Stimmumfang sich erweitert. Der Übende bekommt ein Unterscheidungsgefühl für den (bisherigen) falschen und den (zukünftigen) richtigen Ansatz; selbst der Stimmschwächste und Unmusikalischste lernt das und macht stetige Fortschritte. Das Alter spielt dabei keine wesentliche Rolle; die Erfahrungen erstrecken sich auf Menschen zwischen dem Kindes- und Greisenalter. Weil die Stimme immer wieder veranlaßt wird, angegebene Töne nachzubilden — für die Patienten und Redner etwas ganz Ungewohntes — ist ein wichtiges Hilfsmittel zur Verständigung und vergleichenden Beobachtung gegeben. Besser als Klaviertöne werden Stimmtöne durch Übertragung der Muskelanspannung und Kehlkopfeinstellung von Mensch zu Mensch nachgemacht, deshalb muß der Stimmtherapeut das gute Beispiel ständig zeigen, wobei der Patient Ahnung und Verständnis dafür bekommt, welche Fähigkeiten beim erfolgreichen Vokalisten vorhanden sind.

Wenn Gustav von Bergmann wünscht, der Arzt möchte möglichst schwere Krankheiten durchgemacht haben, um ein richtiges Verständnis für seine Kranken zu gewinnen, so soll der Stimmtherapeut möglichst viel mit seiner Stimme durchgemacht haben, wozu auch die Beseitigung der eigenen Katarrhe gehört; denn nur reine, gesunde, freie und kräftige Töne bieten Anreiz und Vorbild für die Patienten. Da der Stimmtherapeut verschiedene Patiententypen vor sich hat, forsch-aktive ebenso wie ängstlich-passive, muß er in jedem Fall und jederzeit sicher und richtig zu handeln fähig sein, was eine diagnostische Gehörsfähigkeit verlangt. Er steht und fällt deshalb mit der eigenen Stimme, genauer gesagt, mit dem Erlebnis an seiner Stimme, das niemals ersetzt werden kann durch sonstige Bewährung in der Heilkunde, Zeugnisse oder theoretisches Wissen.

Nehmen wir an, es gelingt einem Patienten, zunächst den Ton a zu finden und auszuhalten, so werden sich bald weitere nach der Höhe und Tiefe zu gewinnen lassen. Erreicht der Tonbereich allmählich eine Quinte oder gar Oktave Umfang, so hat sich inzwischen meist Verschmutzung, Verschleimung, Verengung, ja Verkrampfung in den Luftwegen gelockert oder gelöst, was sich in Räuspern, Husten und Schleimabgang äußern kann, zugleich ein befreiendes, weitendes Gefühl für Stimme und Atem gibt. Dadurch werden die ursprünglich schwachen und kurzen Töne klangvoller und länger. Freilich nicht auf allen Vokalen, sondern zunächst auf den Mischvokalen (Oe, Ae, Ü), deren Übungswert die Grundvokale (A, E, I, O, U) turmhoch überragt. Bei den Patientinnen wirkt vor allem die Übung der Brusttöne, also der tiefen, männlich klingenden Lage, lösend und heilend auf die katarrhalischen Erscheinungen, während das gesanglichere Falsett infolge seiner hohen Schwingungszahlen die Elastizität der Stimmbänder fördert.

Mit dem Wachsen der Stimme hebt sich auch die Stimmung: die Übungen werden zum Kraftspender, zum Wecker von Mut und Energie, namentlich wenn diese fehlten, ja zum Lebensmotor. Überhaupt gewinnt der Patient durch seine Aktivierung eine ganz neue Einstellung zu seinem Leiden, dessen Besserung nun mit in seine Hand gelegt ist; denn der Erfolg hängt wesentlich davon ab, wie das häusliche Üben betrieben wird, das die Patienten übereinstimmend als eine angenehme Notwendigkeit bezeichnen: notwendig, damit kein Stillstand eintritt, der zugleich Rückfall bedeutet, angenehm, weil damit eine sonst mit anderen Mitteln nicht mögliche Ausarbeitung verbunden ist.

Damit wird auch eine wertvolle Ergänzung aller Sportarten geboten; während Gymnastik und Leibesübungen vorwiegend die Extremitäten trainieren, ohne mangelhafte Haltung oder flache Brust immer grundlegend zu verändern, wirkt die Stimmarbeit unter Ausschaltung aller unnötigen und störenden Bewegungen gerade auf die in den Körperhöhlen liegenden Organe bei äußerer Ruhestellung, so daß sich eine optimale, zwanglose Haltung von selbst ergibt und ein vergrößertes „Sportherz" nicht zu befürchten ist. Die Körpergymnastik erstrebt ein Nach-innen-Schauen und Nach-außen-Wirken, die Stimmgymnastik ein Nach-innen-Hören und Nach-außen-Klingen.

Aus der Heilkunde sind uns die Erscheinungen von Krisen geläufig. Krisis bedeutet Entscheidung, Höhepunkt einer

Krankheit mit einer Wendung zum Schlechten oder — meist — Besseren, wobei z. B. das Fieber schnell absinken kann. Solche Krisen werden in der neueren Heilkunst auch künstlich herbeigeführt bzw. unterstützt. Es ist daher ein analoger Vorgang, wenn auch die richtige Übungsbehandlung zu Stimmkrisen führt. Hier bedeutet Krise Kampf mit der Materie (Muskeln, Schleimhäuten, Konstitution) und ist mit einem Muskelkater nach ungewohntem Training für sportliche Leistungen zu vergleichen, mit dem Unterschied, daß sie vorwiegend klanglich, also hörbar in Erscheinung tritt.

Nur das Üben bringt die stimmlichen Unreinheiten und Verunreinigungen richtig zum Vorschein, wie ein Fleck beim Reiben erst deutlich wird, um dann ganz zu verschwinden. Als das Resultat eines solchen Reinigungsvorganges in und unterhalb der Kehle meldet sich nach einer echten Krise der neue Klang, wenn auch sporadisch; denn erst allmählich führt der Heilungsprozeß durch Aufdecken tiefer sitzender Schwächen und Hemmnisse an das Fundament der Stimme.

Wir befinden uns in einer Zeitepoche, in welcher die Naturheilkunde anerkannt ist. Konnten sich doch die naturgemäßen und volkstümlichen Heilweisen früher der konservativen Schulmedizin gegenüber nur schwer durchsetzen. Wie starke Wandlungen im therapeutischen Handeln eingetreten sind, zeigt u. a. die diätetische Einstellung: früher eiweißreiche Mastkuren, heute eiweißarme Ernährung oder Fastenkuren. Die biologische Heilweise hat sich den uralten Begriff der Ausleitung zunutze gemacht: Ausleitung durch Haut, Darm und Nieren, auch durch Aderlaß und Heilfasten. Dazu tritt die Ausleitung durch Entschleimung, die auf stimmlichem Wege idealste und wertvollste therapeutische Unterstützung findet.

Im Rahmen dieser Bestrebungen gewinnt die Stimmübungsbehandlung als wichtige Ergänzung medizinischer spez. naturheilkundlicher Maßnahmen zunehmende Bedeutung. Wird es doch damit möglich, den stimmlichen Allgemeindurchschnitt zu heben, was wichtiger ist als Züchtung von Spitzenleistungen. So erwächst gerade den Menschen mit minderwertigen oder schwachen Stimmorganen die Aufgabe, sich vom Stimmfachmann beraten oder helfen zu lassen, um weiteren gesundheitlichen Nachteil zu vermeiden; denn auch hier gilt der alte Satz: Vorbeugen ist leichter als Heilen, was prophylaktische Maßnahmen rechtfertigt und empfiehlt. Ebenso ist auch der Elementarsatz, daß Reinigen die Voraussetzung zum Heilen bildet, für die Kehle voll gültig.

Als Reiztherapie verdienen die Stimmübungen einen festen Platz innerhalb der physikalischen Heilweisen und ergänzen deren Anwendungen von Licht, Luft, Wasser, Wärme, Massage usw. Volkswirtschaftlich ist die Übungstherapie angezeigt, weil kostspielige Kuren und längerer Urlaub, auch seitens der Versicherungsträger, gespart werden können. Oft hat der Stimmpatient negative Resultate hinter sich und kommt nun erst nach diesen Enttäuschungen zu einer Übungsbehandlung, die während der Berufsausübung durchgeführt werden kann.

In der Behandlung des Bronchialasthmas sind schon seit langem Übungen zur Förderung der Atmung bekannt. Der Asthmatiker leidet an periodischer Atemnot, da ein Bronchialkrampf seine Ausatmung behindert, weshalb er bei der Einatmung seinen Brustkorb hochzerrt, der dadurch eine starre Form erhält. Die medizinische Wissenschaft hat eine Unmenge von Mitteln gegen das Asthma geschaffen, nicht nur medikamentöser Art, sondern auch in technischer Hinsicht, wie z. B. die pneumatischen Kammern mit variablem Luftdruck. Was die künstliche Druckdifferenz hier erstrebt, kann der Asthmatiker einfacher und natürlicher durch die Stimmwirkung ermöglichen. Es war nämlich ganz übersehen worden, daß die Stimme und Sprache des Asthmatikers auffallend schwach ist, und so kam man auch nicht auf den naheliegenden Gedanken, daß eine Stärkung des Kehlkopfes durch Stimmarbeit eine Verbesserung der Atemfunktion mit sich bringt. Der Ton dringt allmählich in Luftröhre und Bronchien, wo er einen Druck ausübt, der die Verkrampfung löst. Man muß einmal gehört haben, wie ein solcher Asthmatiker mit einem Hauch von Stimme nach wenigen Wochen mit vollen und langen Übungstönen einen Hörsaal mühelos füllt. Auf dem Wege dahin hat sich etwas sehr Wichtiges ereignet: das vorher festsitzende Sekret ist zur Lösung gekommen, – zur Erlösung des Patienten; denn nun kann die funktionsgestörte Schleimhaut wieder gesunden. Der Asthmatiker lernt, vor dem Einsetzen eines Anfalles, sofern ein solcher noch auftritt, diesem durch Übungslaute zuvorzukommen und ihn dadurch gewissermaßen abzufangen.

Es seien hier die Namen derer genannt, die sich für diese Asthma-Übungsbehandlung zuerst eingesetzt haben: Seit etwa 1910 erzielte Frau Marga David-Armin Erfolge, bald darauf konnte A. Thausing über neue Erfahrungen berichten, so daß die Fachärzte Lohfeldt und Siegfried darauf aufmerksam machten. Unter strenger ärztlicher Kontrolle wurden an

Klinikinsassen mit heftigsten Anfällen — also zu einem ungünstigen Zeitpunkt — weitere Beweise für die Richtigkeit der neuen Asthmatherapie erbracht. Dabei äußerten Patienten, die teilweise ambulant weiterübten, mir gegenüber folgende charakteristischen Empfindungen: „freieres Gefühl, leichtere Atmung, mehr Luft, kein Angstgefühl mehr, besser als Medizin, befreiende Wirkung, macht froh". Diese spontanen Aussagen über ihre Eindrücke sind bei Asthmatikern besonders wertvoll, weil die subjektive Besserung stärker als der objektive Befund in Erscheinung treten kann. Die stimmliche Ausarbeitung übt eine starke Beeinflussung in Form innerer Befreiung aus, was besonders in Fällen psychischer Überlagerung oder neurotischer Komponente eine nicht zu unterschätzende Rolle spielt. Voraussetzung für eine Erfolgswirkung bildet aber eine gewisse Bereitschaft und Ausdauer. In Fällen mit mangelndem Gesundungswillen wie auch bei sehr altem Asthmaleiden ist die Prognose nicht so aussichtsreich; aber ein Versuch mit der Übungsbehandlung müßte unbedingt gemacht werden.

Eine ähnliche Wirkung ist beim Emphysem zu erzielen. Diese Lungenblähung mit Erweiterung der Lungenbläschen tritt als Berufskrankheit besonders bei Bläsern, Orchestermusikern wie Glasbläsern, durch Überdehnung des elastischen Gewebes auf. Während die Bläser einen äußerst starken Luftdruck gegen das Instrument ausüben, ohne dabei einen entsprechenden Kehlkopf-Widerstand einzuschalten, wird der Sänger durch diesen vor Emphysem geschützt. Weil die Lungenblähung auch eine sehr ungleichmäßige Luftverteilung in der Lunge zeigt, wobei sich manche Bezirke an der Atmung nicht recht beteiligen (Siebeck), ist die Stimmbehandlung angezeigt und bewährt.

Es liegt im Zuge der modernen Auffassung, Lungentuberkulöse nicht mehr der Ruhe zu überlassen, namentlich seit August Bier die Ruhe bei Tuberkulose eher als schädlich bezeichnete. Wenn Hufeland von seiner Tochter Rosalie erzählt, daß zu schnelles Wachstum ihr die Anlage zu Bluthusten und Phtisis florida tuberculosa gab, und sie nur durch strengste Diät, Entsagung des Tanzes, Singens und aller jugendlichen Freuden ihres Alters gerettet wurde, so dürfen wir heute sagen: das Singen hätte, im Gegensatz zu allen anderen Betätigungen, nur nützen können; denn in der Tuberkulose-Therapie werden lange und dabei wenige Atemzüge gewünscht. Wissen wir doch, daß die am langsamsten atmenden Tiere am langlebigsten und am wenigsten einer Infektion zugänglich sind. Für die erfolgreiche Anwendung der Stimmübungen haben die Lungenfachärzte Siegfried und Wohlfarth in ihren Heilanstalten bahnbrechend gewirkt und auf der Tuberkulosetagung in Bad Kissingen 1931 über ihre Ergebnisse referiert. Letzterer bezeichnete nach fast zehnjährigen Erfahrungen an zwei Heilstätten mit Frauen bzw. Männern die günstige Wirkung der Stimmübungen auf Atmung und Kreislauf als überzeugend.

Das äußere Bild eines Lungentuberkulösen zeigt den sog. habitus phitisicus. Einer solchen Jammergestalt entspricht die kraftlose Stimme. Der eingefallene Brustkasten, in welchem die Lunge geringe Lebensmöglichkeit hat, ist der polare Gegensatz zum Sängertyp. Wenn es da gelingt, Stimme, Atem und Lungentätigkeit nur etwas anzuregen und zu entwickeln, kann der Heilungsprozeß gefördert werden. Er tritt zuweilen gerade mit Beginn der Übungen ein, weil diese einen Hoffnungsstrahl für den Patienten in die Trostlosigkeit des Lebens odes des Anstaltsaufenthaltes bringen. Ausdrücklich sei betont, daß auch hier nicht zaghaft oder ängstlich geübt werden darf.

Von 51 abgeschlossen behandelten Patientinnen Wohlfarths, darunter 26 Bewahrungskranken, wurden 25 bazillenfrei entlassen, davon waren 10 ohne andere Methoden behandelt worden. Es konnten mehrere aufgegebene Patientinnen wieder arbeitsfähig werden.

Bedenken wegen Gefährdung durch die Stimmübungen sind durchaus unbegründet; denn während jede andere Anstrengung die Gefahr des Lungenblutens mit sich bringt, ist dies nur bei der Stimmanstrengung nicht der Fall, weil mit ihr auch der Luftdruck in der Lunge wächst, der den Blutdruck daselbst zurückdämmt und damit einer Blutung vorbeugt.

Wir kommen zum Kreislauf und Bluthochdruck (Hypertonie). Anregung boten Tiralas Erfahrungen mit Tiefatmung. Untersuchungen an über 80 Münchener Berufssängern und -sängerinnen hatten ergeben, daß in keinem Falle zu hoher Blutdruck vorlag, und wohl auch kein zu niedriger. Die stimmliche Ausarbeitung schützt also den Sänger vor Bluthochdruck. Da die essentielle Hypertonie durch Verminderung der Atmung ausgelöst wird, ist die Anwendung der Stimmübungen bei Patienten mit zu hohem Blutdruck voll begründet und steht auch hier im Rahmen naturgemäßer Heilweisen. Läßt man Hypertoniker üben, so tritt in vielen Fällen sofort eine Senkung des Blutdrucks ein.

Eine labile Hypertonikerin, Frau S. sprach besonders schnell auf die Stimmübungen an und erzielte folgendes Zahlenbild mit dem Quecksilbermanometer (nach Riva-Rocci):

1. Übungstag: von 210 auf 175 mm Hg
2. Übungstag: von 175 auf 160 mm Hg
(1 Tag dazwischen)
3. Übungstag: von 170 auf 150 mm Hg

Regelmäßiges Üben nähert also den Blutdruck ständig dem Normalen und hält ihn niedrig.

Da der Kreislauf von der Atmungsart abhängig ist, erfährt die große Körperschlagader (Aorta) durch richtige Tiefatmung eine dauernde passive Gymnastik (Roemheld). Die Stimmübungen fördern den Umlauf und die Verteilung der Blutflüssigkeit im Körper sowie die schnelle Abgabe der Kohlensäure. Eine verbesserte Atmung wird von Kreislaufstörungen weniger beeinflußt als eine mangelhafte Atmung.

Die Atembewegungen wirken auf den Kreislauf wie eine zusätzliche Pumpe und vermögen deshalb bis zu einem gewissen Grade das Herz zu entlasten (Cobet). So beobachtet man nach der Stimmübung einen kräftigeren, aber ruhigeren Herzschlag, z. B. Puls vorher 88, nachher 72. Oder ein vor dem Üben auffallend arhythmischer Puls schlug nach dem Üben regelmäßig.

Unsere Rundreise durch den Körper ist damit noch nicht beendet und führt uns zu weiteren Leiden, deren günstige Beeinflussung auf stimmlichem Wege als Nebenwirkung anzusehen ist, die sich unbeabsichtigt und unerwartet eingestellt hat, deshalb aber nicht minder beachtlich sein dürfte.

So massiert das bei der Stimmarbeit sich energisch kontrahierende Zwerchfell die in der Bauchhöhle liegenden Organe, ein natürliches Therapeutikum u. a. bei chronischer Darmverstopfung (Obstipation), weiblicher Unterleibsschwäche, auch Leberleiden.

Da beim Üben auch ein Druck auf die Kopfgefäße ausgeübt wird und die Schädelhöhlen unter erhöhten Luftdruck gesetzt werden, so ergibt sich außer Beeinflussung katarrhalischer Zustände in Nase, Ohr und Stirnhöhlen die Möglichkeit einer Verbesserung der Sehkraft bei Kurzsichtigen mit arteriosklerotischen Veränderungen an den Augen. Das mag überraschend klingen, aber schon Tirala konnte durch seine Atemkuren eine erhebliche Besserung der Sehschärfe feststellen, und die Stimmübungsbehandlungen führten zu gleichen Erfahrungen.

Auch hier ist die Wirkung der Normalisierung des Blutdruckes und besserer Versorgung der Sehnerven zuzuschreiben.

Wir beobachten ferner eine Wirkung auf die Drüsen, indem die Schweißdrüsen angeregt werden. Menschen, die sonst nie schwitzen konnten, gerieten beim Üben in Schweiß. Bei erhöhter Funktion der inkretorischen Drüsen, z.B. endokriner Störung in Form von Pubertätshemmung mit stimmlichem Infantilismus, trat eine Vermännlichung der Stimme, ja des ganzen Menschen ein. Bei Kropf wurde eine Rückbildung der Schilddrüse bemerkt, weil die besseren Atemfunktionen auch direkt mechanisch einwirken, was sich aus der Nachbarschaft von Schilddrüse zu Kehlkopf und Luftröhre erklärt. Gleichzeitig ist die Möglichkeit gegeben, noch in gewissem vorgerückten Alter eine Verjüngung der Stimme zu erzielen. Die konstitutionelle Wirkung wurde an entsprechenden Patienten klinisch beobachtet.

Neben der Verbesserung der Körperhaltung schwinden auffallend Ermüdungserscheinungen infolge der erfrischenden Wirkung. Umgekehrt tritt bei ganz untrainierten Personen nach dem Üben natürliche Müdigkeit ein, so daß auf Schlafmittel verzichtet werden kann. Nicht minder eindrucksvoll ist die allgemeine Umstimmung: die Patienten werden lebhafter, mitteilsamer, ihre Klagen über Leiden und Ergehen lassen nach.

Damit sei zum Schluß noch der psychophysischen Wechselwirkungen gedacht, die sich schon aus der Wortgleichheit Stimme—Stimmung ergeben. Wie schon im I. Teil hingewiesen wurde, manifestiert sich unser jeweiliger Zustand in stimmlichen Reaktionen. Für die Therapie läßt sich dabei von der Tatsache ausgehen, daß Einschränkung und Abbau von falschem Stimmaufwand beruhigend wirkt — eine häufige und nicht zu unterschätzende Aufgabe der Stimmbildungsarbeit.

Bei dem Industriekaufmann T. hatte ein krampfartiger Kehlton nervlichen Erregungszustand mit psychischen Hemmungen und Beklemmungen ausgelöst, der mit Besserung der Stimme verschwand, weil diese nun nicht mehr unter falschem Druck stand.

Von einer Wunderwirkung sprach der Kaufmann U., der immer zu laut gesprochen hatte. Nach Beseitigung des unruhigen Stimmtones fand er geistige Konzentration und Beruhigung.

Mit der Lösung von stimmlichen Hemmungen werden Erscheinungen wie Unruhe, Angst oder Minderwertigkeit gebessert, Energien mobilisiert, die geistigen Funktionen beim Sprechen freier. Die Wirkung der Übungsbehandlung reicht somit über Stimme und Atem hinausgehend noch in andere Bezirke weit hinein.

20. Grundsätzliches zur Stimmtherapie und Stimmhygiene

Alle stimmlichen Vorgänge können sehr genaue Messungen und Registrierungen erfahren. Die heutigen technischen Mittel erlauben exakte Untersuchungen. Apparate sind unbestechlich, ihre Feststellungen — im Rahmen gewisser Fehlerquellen — objektiv. Allerdings können die Versuchspersonen vor der Apparatur psychische Befangenheit zeigen, weshalb Sievers die Experimentalphonetik, eine besondere Fachwissenschaft, ablehnte. Ihre Ergebnisse dürfen nicht an Stelle selbständigen Denkens und intuitiven Beobachtens treten. Es muß immer wieder darauf hingewiesen werden, daß die Kunst des Hörens, ein spezifischer Tonsinn, verbunden mit einer besonderen Beobachtungsgabe, niemals verdrängt werden darf, so verlockend es ist, alles schwarz auf weiß zu haben.

Die Mechanisierung der Medizin, von der J. Plesch spricht, sollte nicht auch zu einer Technisierung der Stimmforschung führen. Vor der mechanistischen Naturauffassung warnt Driesch, weil sie zu großes Gewicht auf messende Untersuchungen legt und dabei das Nichtmeßbare übersieht.

Wieweit Schärfung eines Sinnesorganes im Dienste der Wissenschaft möglich ist, beweisen die Erfahrungen des Konstitutionsforschers W. Jaensch: „Wir begnügen uns bei der Feststellung des Konstitutionstypus mit der intuitiven Erfassung durch das Auge. Wenn auch anfangs diesem Verfahren gewisse Fehler anhaften, so korrigiert sich dies mit wachsender Übung in weitgehendem Maße. Sobald die Anfangsschwierigkeiten überwunden sind, ist man förmlich erstaunt, wie gut sich das Auge schulen läßt. Jede noch so exakte Messung mittels Tasterzirkel und Bandmaß ergibt nur Zahlen, gibt aber keinen Gesamteindruck wieder, der hier das Entscheidende ist. Das leistet allein das Auge. Sehr vorsichtige Untersucher geben die Fehlerquelle bei der intuitiven Erfassung durch das Auge mit 5 -10% gegenüber der exakten Messung an, fügen aber hinzu, daß diese Prozentzahl sich bei steigender Übung reduzieren ließe".

Als Ergänzung einer Diagnostik durch das geschulte Ohr empfiehlt sich die Vornahme folgender Messungen, abgesehen von rein ärztlichen und spezialärztlichen Untersuchungen:

Hals- und Brustmaße, diese bei voller Ausatmung, Einatmung und Mittelstellung, Pulszahl, Blutdruck und Atemmenge (Vitalkapazität im Spirometer). Bei letzterer Messung ist aber folgendes zu beachten: Die Ausatmungsmenge läßt nicht auf die Güte der Atemführung oder gar der Stimme schließen, sie sagt, vergleichbar dem Kalorienwert der Nahrung, nichts über die Qualität der Energie aus. So wies z. B. ein Lehrer mit ganz mangelhafter Stimme 6000 ccm, also 6 Liter Lungenvolumen auf. Das Gleiche gilt für Abstoppen der Atemlänge mit der Sek.-Uhr (Stoppuhr).

Ferner lassen sich stimmliche Entwicklungsvorgänge durch Aufnehmen in Zeitabständen auf Schallplatte oder Band verfolgen. Man muß unterscheiden zwischen den Gelatineplatten (Folien), die billig zu haben sind, und den durch Matrizierung gewonnenen Industrieschallplatten. Bei diesen kann der Stimmklang wesentlich retouchiert und verfeinert werden. Ein analysierendes Beobachtungsmaterial bieten das Oscillogramm und die Spektralanalyse.

Es darf aber der heute mögliche apparative Aufwand nicht dazu dienen, methodische Irrtümer mit dem Mantel der Wissenschaftlichkeit zu verdecken. Es darf umgekehrt auch nicht schöpferische Intuition durch Wissensballast gehemmt werden. Wissen ist Macht, wenn man es anzuwenden weiß, pflegte Max Dessoir zu sagen. Die Wichtigkeit des Erfahrungswissens ist damit betont.

* * *

Die Gesetze ökonomischen Krafteinsatzes und die Regeln der Leistungssteigerung sind auf die Stimme zu übertragen, nämlich das Prinzip, mit geringstem Kraftaufwand den größtmöglichsten Nutzeffekt zu erzielen. Es bedeutet die Fähigkeit des Redners und Künstlers, mit einer mittelstarken Stimmgebung ausreichende Lautstärke zu erzielen, ohne sie zu unterschreiten oder zu überschreiten, um genügende Reserven zum Durchhalten und zur Steigerung zu haben.

Diese Ökonomie vorausgesetzt, gibt es hygienische Maßnahmen, die geeignet sind, die Pflege der Stimme und Stimmbildung zu unterstützen. So lehrt die Stimmhygiene folgende Grundsätze:

Schädlich und hemmend sind zu enge Kleidungsstücke wie Rock, Kragen mit Schlips und festgeschnallter Gürtel, namentlich wenn er die Aufgaben eines Hosenträgers übernehmen soll.

Ungünstig wirken Staub, Benzingeruch, Bazillen, Menschenansammlungen, rauchige Lokale, Tanzstätten.

Wichtig ist Abhärtung, um sich widerstandsfähig gegen Witterungs- und Temperaturwechsel zu machen. Dazu gehört auch die morgendliche kalte Ganzabwaschung oder Abbürsten mit anschließendem Warmreiben sowie das abendliche Wechselfußbad. Abhärtung darf nicht zu Leichtsinn, Schonung nicht zu Verweichlichung führen.

Die Trockenheit der Zentralheizung, unter der die Musikinstrumente leiden, muß eine durch Gesundschulung stabil gewordene Stimme vertragen. Ausreichende Wasserverdunstung auf den Heizkörpern mindert die Zimmertrockenheit.

Die Diät soll ohne scharfe Gewürze und salzarm sein. Vor jeder Hauptmahlzeit ist auf leeren Magen etwas Rohkost zu nehmen. Falsche Ernährung begünstigt Verschlackung und Verschleimung, blähende Speisen drücken das Zwerchfell nach oben und behindern dadurch die Tiefatmung.

Genügender Schlaf bietet die beste Erholung auch für die Stimme, die unausgeschlafen tonlos und kratzig klingt. Es sollte die von Stöckmann angegebene Schlafzeit möglichst beachtet werden, der den Schlaf vor Mitternacht als Kraft- und Heilquelle empfiehlt.

Notwendig ist Mundpflege, weil die Zähne auch als Artikulationsorgan dienen, ihre Mängel und Lücken werden beim Sprechen und Singen nicht nur sichtbar, sondern auch hörbar.

Kein Mißbrauch mit Alkohol! Wir kennen den Zustand nach einem alkoholischen Abend, wenn am Morgen die Stimme wie verschleiert und völlig verkratzt ist, was sich erst unter der Wirkung eines Gegengiftes, des Koffeins, bessert. Bei alkoholisiertem Dauerzustand tritt der chronische Kehlkopfkatarrh der Trinker ein (Laryngitis der Potatoren), im Volke Bierbaß oder Schnapsstimme genannt. Vor allem sind die hochprozentigen Spirituosen und sehr kalte Alkoholica schädlich, diese besonders auch nach stimmlichen Leistungen.

Gefährlich ist die Sucht nach Nikotin. Der Tabaksaft vermengt sich mit dem Speichel und dringt in die Falten der Schleimhaut ein. Zwar sehen wir Sänger vor dem Auftreten und in den Pausen als Stimulans gegen Nervosität (Lampenfieber) rauchen, wir dürfen aber nicht von den besonders guten Schleimhautverhältnissen der Berufssänger auf den viel anfälligeren Durchschnittszustand dieser Organe schließen, der als Raucherkatarrh überall zu hören ist.

Empfohlen sei besonders denen, die schon morgens frühzeitig, noch von Nacht und Nebel umgeben, für berufliches Sprechen gut bei Stimme sein wollen: Gurgeln zum Reinigen, Kaffee zur Anregung, Honig zum Einölen, Räuspern zum Lösen, ein Lied singen zum Ankurbeln der Stimme. Das können aber nur Zutaten zu einem dauernden Training mit täglichen Tonübungen sein. Um diese „Medizin für die Stimme“ wirksam anzuwenden, sind notwendig: ein möglichst ausgeruhter Zustand, keine Überfüllung des Magens (also nicht nach den Mahlzeiten üben!) und ein gut gestimmtes Klavier, ersatzweise eine verstellbare Stimmpfeife, auch chromatischer Tonangeber genannt.

Stimmpflege bedingt eine naturgemäße, vernünftige Lebensweise, die man vom Schüler nur verlangen kann, wenn der Lehrer auch hier selbst ein gutes Vorbild gibt.

Schlußbetrachtung

Unsere Ausführungen gingen von dem Naturphänomen der Luftstauung aus, das schon im Tierlaut, im Säuglingsschrei und in den Geräuschfunktionen (Husten) verborgen ist, beim Vokalisten aber zur Triebkraft für seine Stimmleistungen wird, während Ausfall oder Störung dieser Fähigkeit Stimmleiden oder sonstige gesundheitliche Schäden mit sich bringt. Wird dieses Grundprinzip — unter starker Differenzierung — zum Ausgangspunkt aller Stimmarbeit gemacht, so dient es dem Redner und Künstler für seine beruflichen Aufgaben genau so wie es dem Patienten zu seiner Gesundung verhilft. Diese vielseitige Anwendungsbreite ermöglicht die Umschmelzung einer Naturstimme in ein Kunstinstrument wie die Umwandlung von Krankem und Schwachem in Gesundes und Kräftiges. Dabei hat die Erfahrung gezeigt, daß fast jeder Mensch viel mehr Stimme besitzt, als er glaubt und sich zutraut, und daß diesem Organ viel mehr zugemutet werden kann, als man bisher annahm und wagte.

Deshalb sage niemand: ich habe gar keine Stimme und brauche auch keine! Das würde eine bedauerliche Selbsttäuschung und völlige Verkennung bedeuten, da Stimme nicht Sache einiger weniger Begabten ist, sondern zur Kultur jedes Menschen gehört.

Um das Gehör für die Beurteilung stimmlicher Vorgänge zu schärfen, lautet die erste Forderung: Höre dich selbst! Denn nur die eigene Klarheit führt zur Wahrheit.

In unserer Darstellung erscheint manche frühere Auffassung in gewandelter Form. Das wird niemand überraschen, mußten wir doch auf so vielen Gebieten umlernen, man denke an die früher gelehrte Unteilbarkeit des Atoms. Es bedarf nur einer gewissen Umstellung derjenigen Leser, deren Anschauungen mit Illusionen und Fiktionen verknüpft sind, und bei einigem guten Willen werden sie sich dem Fortschritt nicht verschließen; denn das hier vorgetragene, auf der Wirklichkeit basierende Erfahrungsmaterial dürfte überall verstanden werden, wo Unbefangenheit und natürliches Empfinden vorhanden sind, es bedarf dazu keiner Gelehrsamkeit, keines Spezialistentums.

Die Darstellung wird vielen neue Hoffnung auf Hilfe geben, nachdem Mittel, welche die konservativen Lehren noch nicht bieten konnten, nunmehr zur Verfügung stehen. Jeder kann daraus Nutzen für sich ziehen; denn:

Die Stimme, ein Organ des menschlichen Körpers, wie ein Blasinstrument gebaut, ist das vollendetste Instrument, befähigt zu höchstem künstlerischen wie seelischen Ausdruck. Bei richtiger Betätigung kann die Stimme erstaunlich weit- und tiefgreifenden Einfluß auf den ganzen Körper im gesunden wie kranken Zustand ausüben.

Benutzte Literatur

1. Fachliteratur

I. Teil

Maria Bonaventura: Ausdruck der Persönlichkeit in der Sprechstimme und im Photogramm, Archiv f. d. ges. Psychologie, 94. Band, 1935.
Eustace Chasser: Liebe ohne Furcht, 1950.
Joh. Faust: Aktive Entspannungsbehandlung, 1949.
Paul D. Green and Cliff Cochrane: Deine Stimme ist dein Schicksal, Das Beste aus Readers Digest, Juni 1950.
Hanns Groß: Handbuch für Untersuchungsrichter, 7. Aufl., 1922.
Walter Hanft: Kirchenmusiker und gottesdienstlicher Gemeindegesang. Musik und Kirche 1950, Heft 3.
Konrad Heiden: Adolf Hitler, 2 Bände, 1936.
Friedrich Herzfeld: Minna Planer und ihre Ehe mit Richard Wagner, 1938.
Herta Herzog: Stimme und Persönlichkeit, Zeitschr. f. Psychologie, Band 130, 1933.
Louis Köhler: Die Melodie der Sprache, 1853.
Paolo Mantegazza: Die Physiologie der Liebe, 1925.
T. H. Pear: Voice and Personality, 1931.
W. E. Peters: Die stimmanalytische Methode, 1929.
Rauber-Kopsch: Handbuch und Atlas der Anatomie des Menschen, Abt. 4, 1936.
Paul Rilla: Gottfried Keller, 1943.
Wolf Schirrmacher: Sprich, damit ich dich sehe! Der Kurier, 28. Juni 1952.
Wilhelm Schmidt-Scherf: Beiträge zur Psychologie der Stimmpädagogik, 1940.
Joseph Schopp: Das deutsche Arbeitslied, 1935.
Erich Sello: Die Hau-Prozesse und ihre Lehren, 1908.
Max Simoneit: Wehrpsychologie, 1935.
Leopold Stein: Sprach- und Stimmstörungen, 1937.
Werner Suhr: ABC der Verkaufskunst, 1951.
Albrecht Thausing: Lage und Aufgaben der Gesangspädagogik, 1930.
Felix Trojan: Der Ausdruck der Sprechstimme, 1952.
Richard Wallaschek: Psychologie und Technik der Rede, 1913.
H. E. Weinschenk: Künstler plaudern, 1940.
Eberhard Zwirner: Phonetische Forschungen, 1936f.

II. Teil

Herbert Biehle: Redetechnik. Einführung in die Rhetorik, Samml. Göschen Band 61, 1954.
Herbert Biehle: Der liturgische Sprechgesang als Stimmproblem, 1935.
G. A. Jaederholm: Psychotechnik des Verkaufs, 1926.
Gustav Jaeger: Entdeckung der Seele, II. Band, 4. Aufl., 1912.
H. Loebell und F. K. Roedemeyer: Die Befehlssprache, 1936.
Walther Moede: Lehrbuch der Psychotechnik, 1930.
Paul Neumann: Die Berufskrankheiten der Lehrer, o. J.
Hermann Ortloff: Die gerichtliche Redekunst, 2. Aufl., 1890.
Friedrich Röpke: Die Berufskrankheiten des Ohres und der oberen Luftwege, 1902.
Fritz Schweinsberg: Stimmliche Ausdrucksgestaltung im Dienste der Kirche, 1946.

III. Teil

George Armin: Die Meisterregeln der Stimmbildungskunst, 1946.
George Armin: Shakespeare-Studien, Der Stimmwart, 2. Jahrgang.
Herbert Biehle: Die Stimmkunst, 1. Band: Geschichtliche Grundlagen 1931, 2. Band: Ästhetische Grundlagen, 1932.
Otto Dingeldein: Haben die Theatermasken der Alten die Stimme verstärkt?, 1890.
Franz Haböck: Die Kastraten und ihre Gesangskunst, 1927.
Arthur Honegger: Ich bin Komponist, 1952.
A. Krumbacher: Stimmbildung der Redner im Altertum, 1921.
Hermann Matzke: Über Wesen und Aufgabe der musikalischen Technologie, Archiv für Musikwissenschaft, 1954, 11. Jahrg., Heft 2.
H. H. Stuckenschmidt: Römische Opernabende, Die Neue Zeitung, April 1951.
Albrecht Thausing: Die Sängerstimme, 2. Aufl., 1927.

IV. Teil

George Armin: Kleines Stimmlexikon und Merkbüchlein, 1933.
Gordon Holmes: Die Geschichte der Laryngologie, 1887.

V. Teil

George Armin: Die Stimmkrise, 2. Aufl., 1925.
Herbert Biehle: Therapeutische Wirkungen durch phonatorische Stauübungen, Deutsche med. Wochenschr. 1937, Nr. 7.
Marga David-Armin: Die Heilkraft des Arminschen Stauprinzips, 1916. Neuausgabe von Wolfgang Herrmann-Armin, 1932.
Walther Jaensch: Körperform, Wesensart und Rasse, 1934.
Karl Siegfried: Eine neue Übungsbehandlung des Bronchialasthmas, Therapie der Gegenwart, August 1925.
Siegfried: Atem- und Stauübungen bei Lungentuberkulose, Beitr. z. Klinik der Tuberkulose, 78. Band, 4. Heft, 1931.
Eduard Sievers: Grundzüge der Phonetik, 5. Aufl., 1905.
Theodor Stöckmann: Die Naturzeit, 2. Aufl., und Naturschlaf-Kurordnung.
Albrecht Thausing: Die Stimmkraftübung als Heilfaktor, 1925.
L. Tirala: Heilung der Blutdruckkrankheit durch Atemübungen, 1935.
Wohlfarth: Atem- und Stauübungen bei Lungentuberkulose, Beitr. z. Klinik der Tuberkulose, 78. Band, 4. Heft, 1931.

2. Memoiren-Literatur

Gustav von Bergmann: Rückschau. Geschehen und Erleben auf meiner Lebensbühne, 1953.
Ferdinand Bonn: Mein Künstlerleben, 1920.
M. J. Bonn: So macht man Geschichte. Bilanz eines Lebens, 1953.
Lily Braun: Memoiren einer Sozialistin, 2. Band, Kampfjahre, 1911.
Bernhard Fürst von Bülow: Denkwürdigkeiten, 4 Bände, 1930/31.
Lovis Corinth: Meine frühen Jahre, 1954.
Karl d'Ester: Schwarz auf Weiß, 1951.
Herbert von Dirksen: Moskau—Tokio—London. Erinnerungen und Betrachtungen, 1949.
Harry Domela: Der falsche Prinz, 1927.
Hans Driesch: Lebenserinnerungen, 1951.
Wilhelm Filchner: Ein Forscherleben, 1950.
Theodor Fontane: Von Zwanzig bis Dreißig. Autobiographisches, 1925.
Lina Fuhr: Von Sorgen und Sonne. Erinnerungen aus Kunst und Leben, 1904.

Georg K. Glaser: Geheimnis und Gewalt. Ein Bericht, 1953.
Oskar Maria Graf: Das Leben meiner Mutter, 1940.
Karl Gutzkow: Rückblicke auf mein Leben, Werke Band 4, herausgegeben von Peter Müller.
Ernst Haun: Jugenderinnerungen eines blinden Mannes, 1918.
Ernst Heinkel: Stürmisches Leben, 2. Aufl., 1953.
Bernt von Heiseler: Tage. Ein Erinnerungsbuch, 1954.
Theodor Heuss: Vorspiele des Lebens. Jugenderinnerungen, 1953.
Christ. Wilh. Hufeland: Selbstbiographie, 1937.
Wilhelm Keil: Erlebnisse eines Sozialdemokraten, I. Band, 1947.
Samuel Keller: Aus meinem Leben, 2 Bände, 1924.
Wilhelm Kempff: Unter dem Zimbelstern, 1951.
Adolph Freiherr von Knigge: Die Reise nach Braunschweig (1792), 1867.
Wladimir Korolenko: Die Geschichte meines Zeitgenossen, 1947.
Richard von Kühlmann: Erinnerungen, 1948.
Gertrud Lehmann: Ich heirate in Indien, 1953.
Zenta Maurina: Denn das Wagnis ist schön. Geschichte eines Lebens, 1953.
Karl Philipp Moritz: Anton Reiser. Ein psychologischer Roman, 2 Bände, 1786.
Johannes Naumann: Wie wir unsern Weg fanden. Lebenserinnerungen eines Schwesternhausdirektors, 1929.
Charlotte Niese: Von Gestern und Vorgestern, 2. Aufl., 1924.
Tami Oelfken: Fahrt durch das Chaos, 1946.
Th. H. Pantenius: Aus den Jugendjahren eines alten Kurländers, 1916.
J. Plesch: Janos. Ein Arzt erzählt sein Leben, 1949.
Leonhard Ragaz: Mein Weg, 1. Band, 1952.
Friedrich Rittelmeyer: Aus meinem Leben, 1937.
Rudolf Rocholl: Einsame Wege, 2 Bände, 1898.
Schubarts Leben und Gesinnungen, von ihm selbst im Kerker aufgesetzt (1791), 1925.
Lutz Graf Schwerin von Krosigk: Es geschah in Deutschland, 1951.
Carl Severing: Mein Lebensweg, 2 Bände, 1950.
K. S. Stanislawski: Mein Leben in der Kunst, 1951.
Hermann Stresau: Von Jahr zu Jahr, 1948.
Helene Voigt-Diederichs: Auf Marienhoff. Das Leben einer deutschen Mutter, 1933.
Chaim Weizmann: Memoiren. Das Werden des Staates Israel, 1953.
Ernst Wiechert: Jahre und Zeiten, 1949.

Die Zeichnung auf S. 81 ist die vereinfachte Wiedergabe des Titelbildes der Schrift „Die Lehrsätze der automatischen Stimmbildung“, Leipzig 1900, von George Armin mit dessen freundlicher Erlaubnis.

Personenregister

Sachregister

GESAMTVERZEICHNIS

SAMMLUNG GÖSCHEN

DAS WISSEN DER WELT IN KURZEN, KLAREN, ALLGEMEINVERSTÄNDLICHEN EINZELDARSTELLUNGEN NACH DEN LEHRPLÄNEN DER DEUTSCHEN UNIVERSITÄTEN UND HOCHSCHULEN AUFGEBAUT

JEDER BAND DM 2,40

DOPPELBAND DM 4,80

STAND NOVEMBER 1954

WALTER DE GRUYTER & CO.

BERLIN W 35

INHALTSVERZEICHNIS

Geisteswissenschaften

Philosophie · Pädagogik · Psychologie · Soziologie

Einführung in die Philosophie von *H. Leisegang.* 2. Auflage. 145 Seiten. 1953 . . . . Bd. 281

Erkenntnistheorie von *G. Kropp.* 1. Teil: Allgemeine Grundlegung. 143 Seiten. 1950 . . . . Bd. 807

Hauptprobleme der Philosophie von *G. Simmel*†. 7., unveränd. Auflage. 177 Seiten. 1950 . . . . Bd. 500

Geschichte der Philosophie

I: Die griechische Philosophie von *W. Capelle.* 1. Teil. Von Thales bis Leukippos. 2., erweiterte Auflage. 135 Seiten. 1953 . . . . Bd. 857

II: Die griechische Philosophie von *W. Capelle.* 2. Teil. Von der Sophistik bis zum Tode Platons. 2., stark erweiterte Auflage. 144 Seiten. 1953 . . . . Bd. 858

III: Die griechische Philosophie von *W. Capelle.* 3. Teil. Vom Tode Platons bis zur Alten Stoa. 2., stark erweiterte Auflage. 132 Seiten. 1954 . . . . Bd. 859

IV: Die griechische Philosophie von *W. Capelle.* 4. Teil. Von der Alten Stoa bis zum Eklektizismus im 1. Jahrhundert v. Chr. 2., stark erweiterte Auflage. 132 Seiten. 1954 . . . . Bd. 863

V: Die Philosophie des Mittelalters von *J. Koch.* In Vorbereitung . . . . Bd. 826

VI: Von der Renaissance bis Kant von *K. Schilling.* 234 Seiten. 1954 . . . . Bd. 394 / 394a

VII: Immanuel Kant von *G. Lehmann.* In Vorbereitung . Bd. 536

VIII: Die Philosophie des 19. Jahrhunderts von *G. Lehmann.* 1. Teil. 151 Seiten. 1953 . . . . Bd. 571

IX: Die Philosophie des 19. Jahrhunderts von *G. Lehmann.* 2. Teil. 168 Seiten. 1953 . . . . Bd. 709

X: Die Philosophie im ersten Drittel des 20. Jahrhunderts von *G. Lehmann.* In Vorbereitung . . . . . Bd. 845

Die geistige Situation der Zeit (1931) von *K. Jaspers.* 3., unveränderter Abdruck der 1932 bearbeiteten 5. Auflage. 211 Seiten. 1953 . . . . Bd. 1000

Philosophisches Wörterbuch von *M. Apel* †. 4., unveränderte Auflage. 260 Seiten. 1953 . . . . Bd. 1031

Geschichte der Pädagogik von *H. Weimer.* 11., neubearbeitete und vermehrte Auflage. 176 Seiten. 1954. . . . . Bd. 145

Therapeutische Psychologie. Freud — Adler — Jung von *W. M. Kranefeldt.* Mit einer Einführung von *C. G. Jung.* 2. Auflage. 152 Seiten. 1950 . . . . Bd. 1034

Soziologie. Geschichte und Hauptprobleme von *L. von Wiese.* 5. Auflage. 162 Seiten. 1954 . . . . Bd. 101

Religionswissenschaften

Jesus von *M. Dibelius* †. 2. Auflage. Unveränderter Nachdruck. 137 Seiten. 1949 . . . . Bd. 1130

Paulus von *M. Dibelius* †. Nach dem Tode des Verfassers herausgegeben und zu Ende geführt von *W. G. Kümmel.* 155 Seiten. 1951 . . . . Bd. 1106

Musik

Musikästhetik von *H. J. Moser*. 180 Seiten. 1953 . . . . Bd. 344
Systematische Modulation von *R. Hernried*. 2. Auflage. 136 Seiten. 1950 . . . . Bd. 1094
Der polyphone Satz von *E. Pepping*. 1. Teil: Der cantus-firmus-Satz. 2. Auflage. 223 Seiten. 1950 . . . . Bd. 1148
Harmonielehre von *H. J. Moser*.
I: 112 Seiten. 1954 . . . . Bd. 809
II: In Vorbereitung . . . . Bd. 810
Technik der deutschen Gesangskunst von *H. J. Moser*. Dritte, durchges. u. verbesserte Auflage. 144 Seiten mit 5 Fig. 1954 . . . . Bd. 576/576a
Die Kunst des Dirigierens von *H. W. von Waltershausen*. 2. Auflage. 138 Seiten. 1954 . . . . Bd. 1147
Die Technik des Klavierspiels aus dem Geiste des musikalischen Kunstwerkes von *K. Schubert* †. 3. Auflage. 110 Seiten. 1954 . . . . Bd. 1045
Die Musik des 19. Jahrhunderts von *W. Oehlmann*. 180 Seiten. 1953 . . . . Bd. 170
Allgemeine Musiklehre von *H. J. Moser*. 2., durchges. Auflage. 155 Seiten. 1955. . . . . . Bd. 220/220a

Kunst

Stilkunde von *H. Weigert*.
I: Vorzeit, Antike, Mittelalter. 2. Auflage. 136 Seiten. Mit 94 Abbildungen. 1954 . . . . Bd. 80
II: Spätmittelalter und Neuzeit. 2. Auflage. 146 Seiten. Mit 84 Abbildungen. 1954 . . . . Bd. 781

Geschichte

Einführung in die Geschichtswissenschaft von *P. Kirn*. 2. Auflage. 121 Seiten. 1952 . . . . Bd. 270
Archäologie von *A. Rumpf*.
I: Einleitung, historischer Überblick. 143 Seiten mit 6 Abbildungen im Text und 12 Tafeln. 1953 . . . . . Bd. 538
II: In Vorbereitung . . . . Bd. 539
Kultur der Urzeit von *F. Behn*. 4. Auflage der „Kultur der Urzeit". Band I–III von *M. Hoernes*.
I: Die vormetallischen Kulturen. (Die Steinzeiten Europas. Gleichartige Kulturen in anderen Erdteilen). 172 Seiten mit 48 Abbildungen. 1950 . . . . Bd. 564
II: Die älteren Metallkulturen. (Der Beginn der Metallbenutzung. Kupfer- und Bronzezeit in Europa, im Orient und in Amerika). 160 Seiten mit 67 Abbildungen. 1950 Bd. 565
III: Die jüngeren Metallkulturen. (Das Eisen als Kulturmetall. Hallstatt-Latène-Kultur in Europa. Das erste Auftreten des Eisens in den anderen Erdteilen). 149 Seiten mit 60 Abbildungen. 1950. . . . . Bd. 566
Vorgeschichte Europas von *F. Behn*. Völlig neue Bearbeitung der 7. Auflage der „Urgeschichte der Menschheit" von *M. Hoernes*. 125 Seiten mit 47 Abbildungen. 1949 . . . Bd. 42

Von den Karolingern zu den Staufern von *J. Haller.* Die altdeutsche Kaiserzeit (900 – 1250). 3. Auflage. 141 Seiten mit 4 Karten. 1944 . . . . Bd. 1065

Deutsche Geschichte im Zeitalter der Reformation, der Gegenreformation und des 30jährigen Krieges von *F. Hartung.* 129 Seiten. 1951 . . . . Bd. 1105

Quellenkunde der deutschen Geschichte im Mittelalter von *K. Jacob*† (bis zur Mitte des 15. Jahrhunderts).

I: Einleitung, Allgemeiner Teil. Die Zeit der Karolinger. 5. Auflage. 118 Seiten. 1949 . . . . Bd. 279

II: Die Kaiserzeit (911 – 1250). 4. Auflage. 127 Seiten. 1949 . . . . Bd. 280

III: Das Spätmittelalter (vom Interregnum bis 1500). Unter Verwendung der Hinterlassenschaft herausgegeben von *F. Weden.* 152 Seiten. 1952 . . . . Bd. 284

Badische Geschichte von A. Krieger. 137 Seiten. 1921 . . . . Bd. 230

Geschichte Englands von *H. Preller.*

I: bis 1815. 3., stark umgearbeitete Auflage. 135 Seiten mit 7 Stammtafeln und 2 Karten im Text. 1952 . . . . Bd. 375

II: von 1815 bis 1910. 2., völlig umgearb. Auflage. 118 S. mit 1 Stammtafel und 7 Karten im Text. 1954 . . . Bd. 1088

Thüringische Geschichte von *E. Devrient.* 2. Auflage. 136 Seiten. 1921. Bd. 352

Deutsche Sprache und Literatur

Deutsches Rechtschreibungswörterbuch von *M. Gottschald.* 2., verbesserte Auflage. 269 Seiten. 1953 . . . . Bd. 200/200a

Deutsche Wortkunde von *A. Schirmer.* Eine kulturgeschichtliche Betrachtung des deutschen Wortschatzes. 3., durchgesehene Auflage. 109 Seiten. 1949 . . . . Bd. 929

Deutsche Sprachlehre von *W. Hofstaetter.* 9., neubearbeitete Auflage von *G. Spree.* 144 Seiten. 1953 . . . . Bd. 20

Redetechnik von *H. Biehle.* Einführung in die Rhetorik. 115 Seiten. 1954 . . . . Bd. 61

Sprechen und Sprachpflege von *H. Feist.* (Die Kunst des Sprechens). 2., verbesserte Auflage. 99 Seiten mit 25 Abbildungen. 1952 . . . . Bd. 1122

Deutsches Dichten und Denken von der germanischen bis zur staufischen Zeit von *H. Naumann.* (Deutsche Literaturgeschichte vom 5. – 13. Jahrhundert). 2., verbesserte Auflage. 166 Seiten. 1952 . . . . Bd. 1121

Deutsches Dichten und Denken vom Mittelalter zur Neuzeit von *G. Müller* (1270 – 1700). 2., durchgesehene Auflage. 159 Seiten. 1949 . . . . Bd. 1086

Deutsches Dichten und Denken von der Aufklärung bis zum Realismus von *K. Viëtor* (Deutsche Literaturgeschichte von 1700 – 1890). 2., durchgesehene Auflage. 156 Seiten. 1949 . . . . Bd. 1096

Der Nibelunge Nôt in Auswahl mit kurzem Wörterbuch von *K. Langosch.* 9., umgearbeitete Auflage. 164 Seiten. 1953 . . . . Bd. 1

Die deutschen Personennamen von *M. Gottschald.* 2., verbesserte Auflage. 151 Seiten. 1955 . . . . Bd. 422

Indogermanisch · Germanisch

Gotisches Elementarbuch von *H. Hempel.* Grammatik, Texte mit Übersetzung und Erläuterungen. 2., umgearbeitete Auflage. 165 Seiten. 1953 . . . . Bd. 79

Indogermanische Sprachwissenschaft von *H. Krahe.* 2. Auflage. 134 Seiten. 1948 . . . . Bd. 59

Germanische Sprachwissenschaft von *H. Krahe.* 2. Auflage.
II: Formenlehre. 140 Seiten. 1948 . . . . Bd. 780

Althochdeutsches Elementarbuch von *H. Naumann* † und *W. Betz.* 2. Auflage. 156 Seiten. 1954 . . . . Bd. 1111

Altnordisches Elementarbuch von *F. Ranke.* Schrifttum, Sprache, Texte mit Übersetzung und Wörterbuch. 2., durchgesehene Auflage. 146 Seiten. 1949 . . . . . Bd. 1115

Englisch · Französisch · Italienisch

Altenglisches Elementarbuch von *M. Lehnert.* Einführung, Grammatik, Texte mit Übersetzung und Wörterbuch. 2., verbesserte und vermehrte Aufl. 176 Seiten. 1950 . Bd. 1125

Beowulf von *M. Lehnert.* Eine Auswahl mit Einführung, teilweiser Übersetzung, Anmerkungen und etymologischem Wörterbuch. 2., verbesserte Auflage. 135 Seiten. 1949 Bd. 1135

Englische Literaturgeschichte.
I: Die alt- und mittelenglische Periode von *F. Schubel.* 163 Seiten. 1954 . . . . Bd. 1114
II: Von der Renaissance bis zur Aufklärung von *Paul Meissner*†. 139 Seiten. 1937 . . . . Bd. 1116
III: Romantik und Viktorianismus von *Paul Meissner*†. 150 Seiten. 1938 . . . . Bd. 1124
IV: Das 20. Jahrhundert von *Paul Meissner*†. 150 Seiten. 1939 . . . . Bd. 1136

Italienische Literaturgeschichte von *K. Vossler.* Unveränderter Nachdruck der 1927 erschienenen 4., durchgesehenen und verbesserten Auflage. 148 Seiten. 1948 . . . . Bd. 125

Shakespeare von *P. Meissner*†. 2. Auflage, neubearbeitet von M. Lehnert. 136 Seiten. 1954 . . . . Bd. 1142

Griechisch · Lateinisch

Griechische Sprachwissenschaft von *W. Brandenstein.*
I: Einleitung, Lautsystem, Etymologie. 160 Seiten. 1954 Bd. 117

Geschichte der griechischen Sprache
I: Bis zum Ausgang der klassischen Zeit. Von *O. Hoffmann*†. 3., umgearbeitete Auflage von *A. Debrunner.* 156 Seiten. 1954 . . . . Bd. 111
II: Grundfragen und Grundzüge d. nachklass. Griechisch. Von *A. Debrunner.* 144 Seiten. 1954 . . . . Bd. 114

Geschichte der griechischen Literatur von *W. Nestle.* 2., verbesserte Auflage.
I: Von den Anfängen bis auf Alexander d. Gr. 148 Seiten. 1950 . . . . Bd. 70
II: Von Alexander d. Gr. bis zum Ausgang der Antike. 128 Seiten. 1948 . . . . Bd. 557

Geschichte der lateinischen Sprache von *F. Stolz* †. 3., stark umgearbeitete Auflage von *A. Debrunner*. 136 Seiten. 1953 . . . . Bd. 492

Hebräisch · Sanskrit · Russisch

Hebräische Grammatik von *G. Beer* †. 2., völlig neubearbeitete Auflage von *R. Meyer*.
I: Schrift-, Laut- und Formenlehre I. 157 Seiten. 1952. Bd. 763/763a
II: Schrift-, Laut- und Formenlehre II. 1954. In Vorbereitung . . . . Bd. 764/764a
Sanskrit-Grammatik von *M. Mayrhofer*. 89 Seiten. 1953 . . . Bd. 1158
Russische Grammatik von *G. Berneker*. 6., unveränderte Auflage von *M. Vasmer*. 155 Seiten. 1947 . . . . Bd. 66

Erd- und Länderkunde

Afrika von *F. Jaeger*. Ein geographischer Überblick. 2., umgearbeitete Auflage.
I: Der Lebensraum. 179 Seiten mit 18 Abbildungen. 1954 Bd. 910
II: Mensch und Kultur. 155 Seiten mit 6 Abbildungen. 1954 Bd. 911
Australien und Ozeanien von *H. J. Krug*. 176 Seiten mit 46 Skizzen. 1953 . . . . Bd. 319
Kartenkunde von *M. Eckert-Greifendorff* †. 3., durchgesehene Auflage von *W. Kleffner*. 149 Seiten mit 63 Abb. 1950. Bd. 30

Volkswirtschaft · Publizistik

Allgemeine Betriebswirtschaftslehre von *K. Mellerowicz*. 8., unveränderte Auflage.
I: 142 Seiten. 1954 . . . . Bd. 1008
II: 112 Seiten. 1954 . . . . Bd. 1153
III: 143 Seiten. 1954 . . . . Bd. 1154
Zeitungslehre von *E. Dovifat*. 3., neubearbeitete Auflage. 1955. 2 Bände. In Vorbereitung . . . . Bd. 1039/1040

Naturwissenschaften

Mathematik

Geschichte der Mathematik von *J. E. Hofmann.*
I: Von den Anfängen bis zum Auftreten von Fermat und Descartes. 200 Seiten. 1953 . . . . Bd. 226

Mathematische Formelsammlung von *F. Ringleb.* Vollständig umgearbeitete Neuausgabe des Werkes von *O. Th. Bürklen.* 5., verbesserte Auflage. 274 Seiten mit 57 Figuren. 1949 . . . . Bd. 51

Fünfstellige Logarithmen von *A. Adler.* Mit mehreren graphischen Rechentafeln und häufig vorkommenden Zahlwerten. 2. Auflage. Neudruck. 127 Seiten mit 1 Tafel. 1949 . . . . Bd. 423

Höhere Algebra von *H. Hasse.* 3., verbesserte Auflage.
I: Lineare Gleichungen. 152 Seiten. 1951 . . . . Bd. 931
II: Gleichungen höheren Grades. 158 Seiten mit 5 Figuren. 1951 . . . . Bd. 932

Aufgabensammlung zur höheren Algebra von *H. Hasse* und *W. Klobe.* 2., verbesserte und vermehrte Auflage. 181 Seiten. 1952 . . . . Bd. 1082

Elementare und klassische Algebra vom modernen Standpunkt von *W. Krull.* 2., erweiterte Auflage.
I: 136 Seiten. 1952 . . . . Bd. 930

Einführung in die Zahlentheorie von *A. Scholz*†. Überarbeitet von *B. Schoeneberg.* 1955. In Vorbereitung . . . . . Bd. 1131

Gruppentheorie von *L. Baumgartner.* 2. Auflage. 115 Seiten mit 6 Figuren. 1949 . . . . Bd. 837

Funktionentheorie von *K. Knopp.* 7. Auflage.
I: Grundlagen der allgemeinen Theorie der analytischen Funktionen. 139 Seiten. Nachdruck 1954 . . . . . . Bd. 668
II: Anwendungen und Weiterführung der allgemeinen Theorie. 130 Seiten. Nachdruck 1954 . . . . Bd. 703

Aufgabensammlung zur Funktionentheorie von *K. Knopp.* 4. Auflage.
I: Aufgaben zur elementaren Funktionentheorie. 135 Seiten. 1949 . . . . Bd. 877
II: Aufgaben zur höheren Funktionentheorie. 151 Seiten. 1949 . . . . Bd. 878

Elemente der Funktionentheorie von *K. Knopp.* 3. Auflage. 144 Seiten. Nachdruck 1954 . . . . Bd. 1109

Differentialrechnung von *A. Witting*†. 3., neubearbeitete Auflage. Durchgesehener Neudruck. 201 Seiten mit 95 Figuren und 200 Beispielen. 1949 . . . . Bd. 87

Physik

Einführung in die theoretische Physik von *W. Döring*
I: Mechanik. 119 Seiten mit 29 Abbildungen. 1954 . . . Bd. 76
II: Theorie des elektromagnetischen Feldes. In Vorbereitg. Bd. 77
Atomphysik von *K. Bechert* und *Ch. Gerthsen*. 3., umgearb. Auflage.
I und II: 1955. In Vorbereitung . . . . Bd. 1009/1033
III: Theorie des Atombaus. 1. Teil von *K. Bechert*. 148 Seit. mit 16 Abbildungen. 1954 . . . . Bd. 1123/1123a
IV: Theorie des Atombaus. 2. Teil von *K. Bechert*. 170 Seiten mit 14 Abbildungen .1954 . . . . Bd. 1165/1165a
Differentialgleichungen der Physik von *F. Sauter*. 2. Auflage. 148 Seiten mit 16 Figuren. 1950 . . . . Bd. 1070
Physikalische Formelsammlung von *G. Mahler* und *K. Mahler*. 8., verbesserte Auflage. 153 Seiten mit 69 Figuren. 1950 Bd. 136
Physikalische Aufgabensammlung von *G. Mahler* und *K. Mahler*. Mit den Ergebnissen. 8. Auflage. 1955. In Vorbereitung . . . . Bd. 243

Chemie

Geschichte der Chemie von *G. Lockemann*. In kurzgefaßter Darstellung
I: Vom Altertum bis zur Entdeckung des Sauerstoffs. 142 Seiten mit 8 Bildnissen. 1950 . . . . Bd. 264
II: Von der Entdeckung des Sauerstoffs bis zur Gegenwart. In Vorbereitung . . . . Bd. 265
Anorganische Chemie von *W. Klemm*. 8. Auflage. 184 Seiten mit 18 Abbildungen. 1954 . . . . Bd. 37
Organische Chemie von *W. Schlenk*. 6., erweiterte Auflage. 263 Seiten. 1954 . . . . Bd. 38/38a
Allgemeine und physikalische Chemie von *W. Schulze*.
I: 1955. In Vorbereitung . . . . Bd. 71
II: 3., durchgesehene Auflage. 160 Seiten mit 36 Fig. 1949. Bd. 698
III: Molekülbau. 1955. In Vorbereitung . . . . Bd. 786
Analytische Chemie von *J. Hoppe*. 5., verbesserte Auflage.
I: Reaktionen. 135 Seiten. 1950 . . . . Bd. 247
II: Gang der qualitativen Analyse. 166 Seiten. 1950 . . . Bd. 248
Maßanalyse von *G. Jander* und *K. F. Jahr*. Theorie und Praxis der klassischen und der elektrochemischen Titrierverfahren. 6. Auflage.
I: 140 Seiten mit 18 Figuren. 1952 . . . . Bd. 221
II: 139 Seiten mit 24 Figuren. 1952 . . . . Bd. 1002
Thermochemie von *W. A. Roth*. 2., verbesserte Auflage. 109 Seiten mit 16 Figuren. 1952 . . . . Bd. 1057
Physikalisch-chemische Rechenaufgaben von *E. Asmus*. 2. Auflage. 96 Seiten. 1949 . . . . Bd. 445
Stöchiometrische Aufgabensammlung von *W. Bahrdt* und *R. Scheer*. Mit den Ergebnissen. 5., verbesserte Auflage. 120 Seiten. 1952 . . . . Bd. 452
Elektrochemie und ihre physikalisch-chemischen Grundlagen von *A. Dassler*.
I: 149 Seiten mit 21 Abbildungen. 1950 . . . . Bd. 252
II: 178 Seiten mit 17 Abbildungen. 1950 . . . . Bd. 253

Technologie

Warenkunde von *K. Hassak*† und *E. Beutel*†. 7. Auflage. Neubearbeitet von *A. Kutzelnigg*.
I: Anorganische Waren sowie Kohle und Erdöl. 116 Seiten mit 19 Figuren. 1947 . . . . Bd. 222
II: Organische Waren. 143 Seiten mit 32 Figuren. 1949 . . Bd. 222

Die Fette und Öle von *K. Braun*†. 5., völlig neubearbeitete und verbesserte Auflage von *Th. Klug*. 145 Seiten. 1950 . . Bd. 335

Die Seifenfabrikation von *K. Braun*†. 3., neubearbeitete und verbesserte Auflage von *Th. Klug*. 116 Seiten mit 18 Abbildungen. 1953 . . . . Bd. 336

Textilindustrie von *A. Blümcke*.
I: Spinnerei und Zwirnerei. 112 Seiten mit 43 Abbildungen. 1954. . . . . Bd. 184

Biologie

Hormone von *G. Koller*. 2., neubearbeitete und erweiterte Auflage. 187 Seiten mit 60 Abbildungen und 19 Tabellen. 1949 . . . . Bd. 1141

Fortpflanzung im Tier- und Pflanzenreich von *J. Hämmerling*. 2., ergänzte Auflage. 135 Seiten mit 101 Abbildungen. 1951 . . . . Bd. 1138

Geschlecht und Geschlechtsbestimmung im Tier- und Pflanzenreich von *M. Hartmann*. 2., verbesserte Auflage. 116 Seiten mit 61 Abbildungen und 7 Tabellen. 1951 . Bd. 1127

Grundriß der allgemeinen Mikrobiologie von *W. Schwartz*
I: 104 Seiten mit 17 Abbildungen. 1949 . . . . Bd. 1155
II: 93 Seiten mit 12 Abbildungen. 1949 . . . . Bd. 1157

Symbiose der Tiere mit pflanzlichen Mikroorganismen von *P. Buchner*. 2., verbesserte und vermehrte Auflage. 130 Seiten mit 121 Abbildungen. 1949 . . . . Bd. 1128

Botanik

Entwicklungsgeschichte desPflanzenreiches von *H. Heil*. 2. Auflage. 138 Seiten mit 94 Abbildungen und 1 Tabelle. 1950 Bd. 1137

Morphologie der Pflanzen von *L. Geitler*. 3. Auflage. 126 Seiten mit 114 Abbildungen. 1954 . . . . Bd. 141

Pflanzenzüchtung von *H. Kuckuck*. 3., völlig umgearbeitete Auflage.
I: Grundzüge der Pflanzenzüchtung. 132 Seiten mit 22 Abbildungen. 1952 . . . . Bd. 1134

Die Laubhölzer von *F. W. Neger*† und *E. Münch*†. Kurzgefaßte Beschreibung der in Mitteleuropa gedeihenden Laubbäume und Sträucher. 3., durchgesehene Auflage, herausgegeben von *B. Huber*. 143 Seiten mit 63 Figuren und 7 Tabellen. 1950 . . . . Bd. 718

Die Nadelhölzer (Koniferen) und übrigen Gymnospermen von *F. W. Neger*† und *E. Münch*†. 4. Auflage. Durchgesehen und ergänzt von *B. Huber*. 140 Seiten mit 75 Figuren, 4 Tabellen und 3 Karten. 1952 . . . . Bd. 355

Zoologie

Entwicklungsphysiologie der Tiere von *F. Seidel.*
I: Ei und Furchung. 126 Seiten mit 29 Abbildungen. 1953 . . . . Bd. 1162
II: Körpergrundgestalt und Organbildung. 159 Seiten mit 42 Abbildungen. 1953 . . . . Bd. 1163

Das Tierreich.
Fische von *D. Lüdemann.* In Vorbereitung . . . . . Bd. 356
Insekten von *H. von Lengerken.* 128 Seiten mit 58 Abbildungen. 1953 . . . . Bd. 594
Lurche von *K. Herter.* 140 Seiten mit 129 Abbild. 1955 Bd. 847
Spinnentiere von *A. Kaestner.* 96 S. mit 55 Abb. 1955. Bd. 1161
Würmer von *S. Jaeckel.* 112 Seiten mit 36 Abbild. 1954 Bd. 439
Weichtiere von *S. Jaeckel.* 92 Seiten mit 34 Abbildungen. 1955 . . . . Bd. 440

Vergleichende Physiologie der Tiere von *K. Herter.* 3. Auflage der „Tierphysiologie".
I: Stoff- und Energiewechsel. 155 Seiten mit 64 Abbild. 1950 . . . . Bd. 972
II: Bewegung und Reizerscheinungen. 148 Seiten mit 110 Abbildungen. 1950 . . . . Bd. 973

Land- und Forstwirtschaft

Landwirtschaftliche Tierzucht von *H. Vogel.* Die Züchtung und Haltung der landwirtschaftlichen Nutztiere. 139 Seiten mit 11 Abbildungen. 1952 . . . . Bd. 228

Kulturtechnische Bodenverbesserungen von *O. Fauser.* 4., neubearbeitete Auflage.
I: Allgemeines, Entwässerung. 122 Seiten mit 47 Abbildungen. 1947 . . . . Bd. 691
II: Bewässerung, Ödlandkultur, Umlegung. 150 Seiten mit 67 Abbildungen. 1949 . . . . Bd. 692

Agrikulturchemie von *K. Scharrer.*
I: Pflanzenernährung. 143 Seiten. 1953 . . . . Bd. 329

Geologie · Mineralogie · Kristallographie

Kristallographie von *W. Bruhns†* und *P. Ramdohr.* 4. Auflage. 106 Seiten mit 163 Abbildungen. 1954 . . . . Bd. 210

Einführung in die Kristalloptik von *E. Buchwald.* 4., verbess. Auflage. 138 Seiten mit 121 Figuren. 1952 . . . . . . Bd. 619

Lötrohrprobierkunde von *M. Henglein.* Mineraldiagnose mit Lötrohr- und Tüpfelreaktion. 3., verbesserte Auflage. 91 Seiten mit 11 Figuren. 1949 . . . . Bd. 483

Mineral- und Erzlagerstättenkunde von *H. Huttenlocher.*
I: 128 Seiten mit 34 Abbildungen. 1954 . . . . Bd. 1014
II: 156 Seiten mit 48 Abbildungen. 1954 . . . . . Bd. 1015/1015a

Mineralogie von *R. Brauns†* und *K. F. Chudoba.* 9. Auflage.
I: Allgemeine Mineralogie. 1955. In Vorbereitung . . . Bd. 29
II: Spezielle Mineralogie. 1955. In Vorbereitung . . . . Bd. 31

Petrographie. Von *W. Bruhns†* und *P. Ramdohr.* 4., durchgesehene Auflage. Mit 10 Abbildungen. 1955. In Vorbereitung . . . . Bd. 173

Geologie von *F. Lotze.* 1955. In Vorbereitung . . . . Bd. 13

Technik

Elektrotechnik

Die Gleichstrommaschine von *K. Humburg.* Durchgesehener Neudruck.
I: 102 Seiten mit 59 Abbildungen. 1949 . . . . Bd. 257
II: 98 Seiten mit 38 Abbildungen. 1949 . . . . Bd. 881

Die synchrone Maschine von *K. Humburg.* Neudruck. 109 Seiten mit 78 Bildern. 1951 . . . . Bd. 1146

Induktionsmaschinen von *F. Unger.* 2., erweiterte Auflage. 142 Seiten mit 49 Abbildungen. 1954 . . . . Bd. 1140

Transformatoren von *W. Schäfer.* 2. Auflage. 128 Seiten mit 74 Abbildungen. 1949 . . . . Bd. 952

Die komplexe Berechnung von Wechselstromschaltungen von *H. H. Meinke.* 160 Seiten mit 114 Abbildungen. 1949 . Bd. 1156

Theoretische Grundlagen zur Berechnung der Schaltgeräte von *F. Kesselring.* 3. Auflage. 144 Seiten mit 92 Abbildungen. 1950 . . . . Bd. 711

Elektromotorische Antriebe (Grundlagen für die Berechnung) von *A. Schwaiger.* 3., neubearbeitete Auflage. 96 Seiten mit 34 Abbildungen. 1952 . . . . Bd. 827

Technische Tabellen und Formeln von *W. Müller.* 4., verbesserte und erweiterte Auflage von *E. Schulze.* 152 Seiten mit 105 Figuren. 1951 . . . . Bd. 579

Überspannungen und Überspannungsschutz von *G. Frühauf.* Durchgesehener Neudruck. 122 Seiten mit 98 Abbildungen. 1950 . . . . Bd. 1132

Maschinenbau

Werkzeugmaschinen von *K. P. Matthes.*
I: 110 Seiten mit 27 Abbildungen, 11 Zahlentafeln im Text und 1 Tafelanhang. 1954 . . . . Bd. 561
II: 1955. In Vorbereitung . . . . Bd. 562

Die Maschinenelemente von *E. A. vom Ende.* 2., verbesserte Auflage. 159 Seiten mit 173 Figuren und 12 Tafeln. 1950 Bd. 3

Das Maschinenzeichnen mit Einführung in das Konstruieren von *W. Tochtermann.* 4. Auflage.
I: Das Maschinenzeichnen. 156 Seiten mit 77 Tafeln. 1950 Bd. 589
II: Ausgeführte Konstruktionsbeispiele. 130 Seiten mit 58 Tafeln. 1950 . . . . Bd. 590

Getriebelehre von *P. Grodzinski.* 2., neubearbeitete Auflage.
I: Geometrische Grundlagen. 159 Seiten mit 142 Figuren. 1953 . . . . Bd. 1061

Gießereitechnik von *H. Jungbluth.*
I: Eisengießerei. 126 Seiten mit 44 Abbildungen. 1951 . . Bd. 1159

Die Dampfkessel und Feuerungen einschließlich Hilfseinrichtungen in Theorie, Konstruktion und Berechnung von *W. Marcard*†. 2. Auflage. Neubearbeitet von *K. Beck*.
I: Die theoretischen Grundlagen. Wärme, Verbrennung, Wärmeübertragung. 150 Seiten mit 42 Abbildungen und 16 Tabellen. 1951 . . . . Bd. 9
II: Dampfkessel. 147 Seiten mit 43 Abbildungen. 1952 . . Bd. 521

Technische Thermodynamik von *W. Nusselt*.
I: Grundlagen. 3., verbesserte Auflage. 144 Seiten mit 71 Abbildungen. 1950 . . . . Bd. 1084
II: Theorie der Wärmekraftmaschinen. Neudruck. 144 Seiten mit 87 Abbildungen und 32 Zahlentafeln. 1951. . Bd. 1151

Autogenes Schweißen und Schneiden von *H. Niese*. 5. Auflage. Neubearbeitet von *A. Küchler*. 136 Seiten mit 71 Figuren. 1954 . . . . Bd. 499

Elektrische Schweißverfahren von *H. Niese*. Herausgegeben von *H. Dienst*. In Vorbereitung . . . . Bd. 1020

Metallkunde. Einführendes über Aufbau, Eigenschaften und Untersuchung von Metallen und Legierungen sowie über Grundlagen des Schmelzens, des Gießens, des Verformens, der Wärmebehandlung, der Oberflächenbehandlung, der Verbinde- und Trennarbeiten von *H. Borchers*. 2. Auflage.
I: Aufbau der Metalle und Legierungen. 110 Seiten mit 2 Tabellen und 90 Abbildungen. 1950 . . . . Bd. 432
II: Eigenschaften. Grundzüge der Form- und Zustandsgebung. 154 Seiten mit 8 Tabellen und 100 Abbildungen. 1952 . . . . Bd. 433

Dynamik von *W. Müller*. 2., verbesserte Auflage.
I: Dynamik des Einzelkörpers. 128 Seiten mit 48 Figuren. 1952 . . . . Bd. 902
II: Systeme von starren Körpern. 102 Seiten mit 41 Figuren. 1952 . . . . Bd. 903

Technische Schwingungslehre von *L. Zipperer*.
I: Allgemeine Schwingungsgleichungen, einfache Schwinger. 2., neubearbeitete Auflage. 120 Seiten mit 101 Abbildungen. 1953 . . . . Bd. 953
II: In Vorbereitung . . . . Bd. 961

Hebezeuge von *G. Tafel*.
I: 2., verbesserte Auflage. 276 Seiten mit 230 Figuren. 1954 . . . . Bd. 414/414a

Wasserbau

Wasserkraftanlagen von *A. Ludin*. 2 Bände. 1955. In Vorbereitung . . . . Bd. 665/666

Verkehrswasserbau von *H. Dehnert*.
I: Entwurfsgrundlagen, Flußregelungen. 103 Seiten mit 52 Textabbildungen. 1950 . . . . Bd. 585
II: Flußkanalisierungen und Schiffahrtskanäle. 94 Seiten mit 60 Textabbildungen. 1950 . . . . Bd. 597
III: Schleusen und Hebewerke. 98 Seiten mit 70 Textabbildungen. 1950 . . . . Bd. 1152

Talsperren von *F. Tölke.* 122 Seiten mit 70 Abbildungen. 1953 Bd. 1044

Wehr- und Stauanlagen von *H. Dehnert.* 134 Seiten mit 90 Abbildungen. 1952 . . . . Bd. 965

Hoch- und Tiefbau

Die wichtigsten Baustoffe des Hoch- und Tiefbaus von *O. Graf.* 4., verbesserte Auflage. 131 Seiten mit 63 Abbildungen. 1953 . . . . Bd. 984

Baustoffverarbeitung und Baustellenprüfung des Betons von *A. Kleinlogel.* 2., neubearbeitete und erweiterte Auflage. 126 Seiten mit 35 Abbildungen. 1951 . . . . . . Bd. 978

Festigkeitslehre von *W. Gehler*† und *W. Herberg.*

I: Elastizität, Plastizität und Festigkeit der Baustoffe und Bauteile. Durchgesehener und erweiterter Neudruck. 159 Seiten mit 18 Bildern. 1952 . . . . Bd. 1144

II: Formänderung, Platten, Stabilität und Bruchhypothesen. Bearb. von W. Herberg und N. Dimitrov. Mit 94 Bildern. In Vorbereitung . . . . Bd. 1145

Grundlagen des Stahlbetonbaus von *A. Troche.* 2., neubearbeitete und erweiterte Auflage. 208 Seiten mit 75 Abbildungen, 17 Bemessungstafeln und 20 Rechenbeispielen. 1953 . . . . Bd. 1078

Fenster, Türen, Tore aus Holz und Eisen. Eine Einleitung zu ihrer guten Gestaltung, wirtschaftlichen Bemessung und handwerksgerechten Konstruktion von *W. Wickop.* 4. Auflage. 1955. In Vorbereitung . . . . Bd. 1092

Heizung und Lüftung von *J. Körting*† und *W. Körting.* 8., neubearbeitete Auflage.

I: Das Wesen und die Berechnung der Heizungs- und Lüftungsanlagen. 140 Seiten mit 29 Abbildungen und 18 Zahlentafeln. 1951 . . . . Bd. 342

II: Die Ausführung der Heizungs- und Lüftungsanlagen. 152 Seiten mit 165 Abbildungen und 7 Zahlentafeln. 1954 . . . . Bd. 343

SAMMLUNG GÖSCHEN / BANDNUMMERNFOLGE

1 Langosch, Der Nibelunge Nôt
3 vom Ende, Maschinenelemente
9 Marcard-Beck, Dampfkessel I
13 Lotze, Geologie
20 Hofstaetter-Spree, Dt. Sprachlehre
29 Brauns-Chudoba, Allg. Mineralogie
30 Eckert-Greifendorff-Kleffner, Kartenkunde
31 Brauns-Chudoba, Spez. Mineralogie
37 Klemm, Anorganische Chemie
38/38a Schlenk, Organ. Chemie
42 Behn, Vorgeschichte Europas
51 Bürklen-Ringleb, Mathematische Formelsammlung
59 Krahe, Indogerm. Sprachwiss.
61 Biehle, Redetechnik
66 Berneker-Vasmer, Russische Grammatik
70 Nestle, Griech. Literaturgesch. I
71 Schulze, Allgem. und physikalische Chemie I
76 Döring, Einführ. i. d. theoret. Physik I
77 Döring, Einführ. i. d. theoret. Physik II
79 Hempel, Gotisches Elementarbuch
80 Weigert, Stilkunde I
87 Witting, Differentialrechnung
88 Witting, Integralrechnung
101 v. Wiese, Soziologie
111 Hoffmann-Debrunner, Geschichte der griech. Sprache I
114 Hoffmann-Debrunner, Geschichte der griech. Sprache II
117 Brandenstein, Griechische Sprachwissenschaft
125 Vossler, Italienische Literaturgeschichte
136 Mahler, Physikalische Formelsammlung
141 Geitler, Morphologie der Pflanzen
142 Haack, Darst. Geometrie I
143 Haack, Darst. Geometrie II
145 Weimer, Geschichte der Pädagogik
146 Witting, Repetitorium und Aufgabensammlung zur Differentialrechnung
147 Witting, Repetitorium und Aufgabensammlung zur Integralrechnung
170 Oehlmann, Musik des 19. Jahrhunderts
173 Bruhns-Ramdohr, Petrographie
180 Böhm, Versicherungsmathematik I
184 Blümcke, Textilindustrie I
200/200a Gottschald, Dt. Rechtschreibungswörterbuch
210 Bruhns-Ramdohr, Kristallographie
220/220a Moser, Allgemeine Musiklehre
221 Jander-Jahr, Maßanalyse I
222 Hassak-Beutel, Warenkunde I
223 Hassak-Beutel, Warenkunde II
226 Hofmann, Geschichte der Mathematik I
228 Vogel, Landw. Tierzucht
230 Krieger, Bad. Geschichte
243 Mahler, Physikal. Aufgabensammlung
247 Hoppe, Analytische Chemie I
248 Hoppe, Analytische Chemie II
252 Dassler, Elektrochemie I
253 Dassler, Elektrochemie II
256 Haussner, Aufgabensammlung zur analytischen Geometrie der Ebene
257 Humburg, Die Gleichstrommaschine I
264 Lockemann, Geschichte der Chemie I
265 Lockemann, Geschichte der Chemie II
270 Kirn, Einführung in die Geschichtswissenschaft
279 Jacob, Quellenkunde der deutschen Geschichte I
280 Jacob, Quellenkunde der deutschen Geschichte II
281 Leisegang, Einführung in die Philosophie
284 Jacob-Weden, Quellenkunde der deutschen Geschichte III

319 Krug, Australien und Ozeanien
329 Scharrer, Agrikulturchemie I
335 Braun-Klug, Fette und Öle
336 Braun-Klug, Seifenfabrikation
342 Körting, Heizung und Lüftung I
343 Körting, Heizung und Lüftung II
344 Moser, Musikästhetik
352 Devrient. Thüring. Geschichte
354 Valentiner, Vektoranalysis
355 Neger-Münch, Nadelhölzer
356 Lüdemann, Fische
375 Preller, Geschichte Englands I
394/394a Schilling, Von der Renaissance bis Kant
414/414a Tafel, Hebezeuge I
422 Gottschald, Dt. Personennamen
423 Adler, Fünfstell. Logarithmen
432 Borchers, Metallkunde I
433 Borchers, Metallkunde II
439 Jaeckel, Würmer
440 Jaeckel, Weichtiere
445 Asmus, Physikal.-chemische Rechenaufgaben
452 Bahrdt-Scheer, Stöchiometrische Aufgabensammlung
468 Werkmeister, Vermessungskunde I
469 Werkmeister, Vermessungskunde II
483 Henglein, Lötrohrprobierkunde
492 Stolz-Debrunner, Geschichte der lateinischen Sprache
499 Niese, Autogen. Schweißen
500 Simmel, Hauptprobleme der Philosophie
521 Marcard-Beck, Dampfkessel und Feuerungen II
536 Lehmann, Kant
538 Rumpf, Archäologie I
539 Rumpf, Archäologie II
557 Nestle, Griechische Literaturgeschichte II
561 Matthes, Werkzeugmaschinen I
562 Matthes, Werkzeugmasch. II
564 Behn, Kultur der Urzeit I
565 Behn, Kultur der Urzeit II
566 Behn, Kultur der Urzeit III
571 Lehmann, Philosophie des 19. Jahrhunderts I
576/576a Moser, Gesangskunst
579 Müller-Schulze, Techn. Tabellen
585 Dehnert, Verkehrswasserbau I
589 Tochtermann, Maschinenzeichnen I
590 Tochtermann, Maschinenzeichnen II
594 Lengerken, Insekten
597 Dehnert, Verkehrswasserbau II
619 Buchwald, Kristalloptik
665 Ludin, Wasserkraftanlagen I
666 Ludin, Wasserkraftanlagen II
668 Knopp, Funktionentheorie I
691 Fauser, Kulturtechn. Bodenverbesserungen I
692 Fauser, Kulturtechn. Bodenverbesserungen II
698 Schulze, Allgemeine und physikalische Chemie II
703 Knopp, Funktionentheorie II
709 Lehmann, Philosophie des 19. Jahrhunderts II
711 Kesselring, Berechnung der Schaltgeräte
718 Neger-Münch, Laubhölzer
763/763a Beer-Meyer, Hebräische Grammatik I
764/764a Beer-Meyer, Hebräische Grammatik II
768 Bieberbach, Einführung in die konforme Abbildung
780 Krahe, Germ. Sprachwiss. II
781 Weigert, Stilkunde II
768 Schulze, Molekülbau
807 Kropp, Erkenntnistheorie I
809 Moser, Harmonielehre I
810 Moser, Harmonielehre II
826 Koch, Philosophie des Mittelalters
827 Schwaiger, Elektromotorische Antriebe
837 Baumgartner, Gruppentheorie
845 Lehmann, Philosophie im ersten Drittel des 20. Jahrhunderts
847 Herter, Lurche
857 Capelle, Griech. Philosophie I
858 Capelle, Griech. Philosoph. II
859 Capelle, Griech. Philosoph. III
862 Werkmeister, Vermessungskunde III
863 Capelle, Griech. Philosoph. IV
877 Knopp, Aufgabensammlung zur Funktionentheorie I

878 Knopp, Aufgabensammlung zur Funktionentheorie II
881 Humburg, Gleichstrommaschine II
902 Müller, Dynamik I
903 Müller, Dynamik II
910 Jaeger, Afrika I
911 Jaeger, Afrika II
917/917a Böhm, Versicherungsmathematik II
920 Hoheisel, Gewöhnliche Differentialgleichungen
929 Schirmer, Dt. Wortkunde
930 Krull, Elementare und klassische Algebra I
931 Hasse, Höhere Algebra I
932 Hasse, Höhere Algebra II
952 Schäfer, Transformatoren
953 Zipperer, Techn. Schwingungslehre I
961 Zipperer, Techn. Schwingungslehre II
965 Dehnert, Wehr- u. Stauanlagen
970 Baldus-Löbell, Nichteuklid. Geometrie
972 Herter, Tierphysiologie I
973 Herter, Tierphysiologie II
978 Kleinlogel, Baustoffverarbeitung und Baustellenprüfung des Betons
984 Graf, Die wichtigsten Baustoffe des Hoch- und Tiefbaues
1000 Jaspers, Geistige Situation
1002 Jander-Jahr, Maßanalyse II
1003 Hoheisel, Partielle Differentialgleichungen
1008 Mellerowicz, Allgemeine Betriebswirtschaftslehre I
1009 Bechert-Gerthsen, Atomphysik I
1014 Huttenlocher, Mineral- und Erzlagerstättenkunde I
1015/1015a Huttenlocher, Mineral- und Erzlagerstättenkunde II
1021 Niese-Dienst, Elektr. Schweißverfahren
1031 Apel, Philosophisches Wörterbuch
1033 Bechert-Gerthsen, Atomphysik II
1034 Kranefeldt, Therapeutische Psychologie
1039 Dovifat, Zeitungslehre I
1040 Dovifat, Zeitungslehre II
1044 Tölke, Talsperren
1045 Schubert, Technik des Klavierspiels
1057 Roth, Thermochemie
1059 Hoheisel, Aufgabensammlung zu den gewöhnl. und partiellen Differentialgleichungen
1061 Grodzinski, Getriebelehre I
1065 Haller, Von den Karolingern zu den Staufern
1070 Sauter, Differentialgleichungen der Physik
1078 Troche, Stahlbetonbau
1082 Hasse-Klobe, Aufgabensammlung zur Höheren Algebra
1084 Nusselt, Technische Thermodynamik I
1086 Müller, Dt. Dichten u. Denken
1088 Preller, Geschichte Englands II
1092 Wickop, Fenster, Türen, Tore,
1094 Hernried, System. Modulation
1096 Viëtor, Dt. Dichten u. Denken
1105 Hartung, Dt. Geschichte im Zeitalter der Reformation
1109 Knopp, Elemente der Funktionentheorie
1111 Naumann-Betz, Althochdeutsches Elementarbuch
1113 Strubecker, Differentialgeometrie I
1114 Schubel, Englische Literaturgeschichte I
1115 Ranke, Altnord. Elementarbuch
1116 Meissner, Englische Literaturgeschichte II
1121 Naumann, Dt. Dichten und Denken
1122 Feist, Sprechen und Sprachpflege
1123/1123a Bechert-Gerthsen, Atomphysik III
1124 Meissner, Englische Literaturgeschichte III
1125 Lehnert, Altengl. Elementarbuch
1127 Hartmann, Geschlecht und Geschlechtsbestimmung im Tier- und Pflanzenreich

1128 Buchner, Symbiose der Tiere mit pflanzl. Mikroorganismen
1130 Dibelius, Jesus
1131 Scholz-Schoeneberg Einführung in die Zahlentheorie
1132 Frühauf, Überspannungen und Überspannungsschutz
1134 Kuckuck, Pflanzenzüchtung I
1135 Lehnert, Beowulf
1136 Meissner, Englische Literaturgeschichte IV
1137 Heil, Entwicklungsgeschichte des Tier- und Pflanzenreichs
1138 Hämmerling, Fortpflanzung im Tier- und Pflanzenreich
1140 Unger, Induktionsmaschinen
1141 Koller, Hormone
1142 Meissner-Lehnert, Shakespeare
1144 Gehler, Festigkeitslehre I
1145 Herberg, Festigkeitslehre II
1146 Humburg, Synchrone Maschine
1147 v. Waltershausen, Kunst des Dirigierens
1148 Pepping, Der polyphone Satz I
1151 Nusselt, Technische Thermodynamik II
1152 Dehnert, Verkehrswasserbau III
1153 Mellerowicz, Allgem. Betriebswirtschaftslehre II
1154 Mellerowicz, Allgem. Betriebswirtschaftslehre III
1155 Schwartz, Mikrobiologie I
1156 Meinke, Kompl. Berechnung der Wechselstromschaltungen
1157 Schwartz, Mikrobiologie II
1158 Mayrhofer, Sanskrit-Grammatik
1159 Jungbluth, Gießereitechnik I
1160 Dibelius-Kümmel, Paulus
1161 Kaestner, Spinnentiere
1162 Seidel. Entwicklungsphysiologie der Tiere I
1163 Seidel, Entwicklungsphysiologie der Tiere II
1165/1165a Bechert-Gerthsen, Atomphysik IV

AUTORENREGISTER

FSC
www.fsc.org
MIX
Papier | Fördert gute Waldnutzung
FSC® C083411

Kolibri 360 GmbH
Ferdinand-Jühlke-Straße 7
99095 Erfurt, Deutschland
produktsicherheit@kolibri360.de